AF452618

BIBLIOTHÈQUE ÉLÉMENTAIRE

SOUS LA DIRECTION DE

M. L'ABBÉ THÉOD. PERRIN.

ORNITHOLOGIE,

OU

HISTOIRE NATURELLE

DES

OISEAUX

LES PLUS REMARQUABLES ET LES PLUS UTILES.

PARIS,

SOCIÉTÉ REPRODUCTIVE DES BONS LIVRES,

8, Rue Saint-Hyacinthe-St-Michel,

EN FRANCE ET A L'ÉTRANGER,

AUX BUREAUX DE LA SOCIÉTÉ.

1838.

INTRODUCTION.

L'Ornithologie constitue cette partie de l'histoire naturelle qui traite des oiseaux, de leurs mœurs, de leurs habitudes, de leur caractère externe et interne. Les oiseaux forment la deuxième classe des animaux vertébrés. Ils sont tous couverts de plumes, espèce de tégument la plus propre à les garantir des variations rapides de température auxquelles leur mouvement les expose. Les cavités aériennes qui occupent l'intérieur de leur corps, et qui tiennent dans les os la place de la moelle, augmentent beaucoup leur légèreté. Leurs extrémités antérieures sont transformées en ailes. Les oiseaux sont des bipèdes qui prennent les objets à terre avec leur bec. Leur cou est ordinairement long, très-mobile, et se compose d'un grand nombre de vertèbres. La forme et la grandeur du bec, ainsi que celles des pieds, servent à caractériser les différens ordres et les différentes familles d'oiseaux, qui varient à l'infini. L'œil des oiseaux est disposé de manière à distinguer également bien les objets de loin et de près.

Leur ouïe est en général très-fine, les oiseaux de proie surtout entendent de fort loin.

Chacun sait avec quel art les oiseaux construisent leurs nids, et le soin tout particulier qu'ils prennent de leurs œufs et de leurs petits; c'est la principale preuve de leur instinct. Leur passage rapide dans les différentes régions de l'air, l'action vive et continuelle de cet élément sur eux, leur donnent les moyens de pressentir les variations de l'atmosphère, dont nous n'avons nulle idée; ce qui leur a fait attribuer dès les plus anciens temps, par la superstition, le pouvoir d'annoncer l'avenir. C'est sans doute de cette faculté que dépend l'instinct qui anime les oiseaux voyageurs et les pousse vers les pays méridionaux à l'approche de l'hiver, et à revenir vers le nord au retour du printemps.

DE LA CLASSIFICATION

DES

OISEAUX.

Nous partagerons la classe des oiseaux en six ordres. Dans le premier, nous parlerons des perroquets et de tous les oiseaux grimpeurs, qui ont le doigt externe porté en arrière comme le pouce.

Dans le second, nous placeron les oiseaux de proie si redoutables par leur grandeur et leur force. Nous citerons l'aigle, le griffon.

Le troisième nous apprendra à connaître cette foule de petits oiseaux qui voltigent dans nos haies, et que l'on désigne sous le nom général de passereaux.

Dans le quatrième, nous arriverons à nos oiseaux de basse-cour; nous parlerons de la dinde, de la poule et du pigeon.

Dans le cinquième, nous introduirons une série d'oiseaux qui fréquentent les rivages des eaux et les contrées marécageuses. Ils sont compris sous la dénomination générale d'échassiers. Tels que la grue, le héron, la cigogne, la bécasse. Enfin nous terminerons par les oiseaux aquatiques formant l'ordre des palmipèdes. Nous y trouverons des oiseaux bons nageurs et habiles plongeurs. Parmi ces derniers sont le pélican, le cygne, l'oie et le canard.

PREMIER ORDRE.

LES GRIMPEURS.

C'est ici que nous avons à parler d'oiseaux qui grimpent avec une rare habileté le long de l'écorce des arbres, des murailles, des rochers. Le doigt externe de leurs pattes étant recourbé en arrière comme le pouce, leur donne la facilité de s'accrocher partout. Ces oiseaux font ordinairement leurs nids dans le tronc des vieux arbres. Leur vol n'est pas très-rapide; ils se nourrissent d'insectes et de fruits. Nous commencerons par le plus bel oiseau de cet ordre, et un des plus magnifiques de toute la classe des oiseaux.

LE PERROQUET.

Le Perroquet se reconnaît principalement à son bec gros, dur, solide, arrondi, qui lui donne un air imposant. Il est entouré à sa base d'une membrane où sont percées les narines. Ses gros yeux contribuent encore à faire de sa physionomie quelque chose d'intéressant.

Il paraît être le plus favorisé des oiseaux sous le rapport de l'intelligence;
son habileté et son penchant à imiter la voix des autres animaux et
celle de l'homme, l'a dès-long-temps
rendu célèbre. Ses ailes sont généralement assez courtes; la queue
varie beaucoup dans sa longueur et
sa forme; les couleurs du plumage
sont presque toujours brillantes. Ses
doigts, constamment au nombre de
quatre, sont opposés deux à deux
et armés d'ongles solides et assez
crochus, moins cependant que les
ongles des oiseaux de proie. Les
jambes sont presque toujours em-
plumées jusqu'au talon. En général,

le vert est leur couleur dominante,
puis vient le rouge, ensuite le bleu,
et enfin le jaune. Certaines espèces
présentent aussi les couleurs violette,
pourpre, brune ou lilas. On connaît
des perroquets dont le plumage est
presque totalement gris, d'autres où
il est noir, d'autres blanc.

Ces oiseaux sont presque tous
originaires de la zône torride, tant
dans l'ancien que dans le nouveau
continent, et dans les îles de l'O-
céanie. Ce sont des animaux émi-
nemment grimpeurs. La plupart se
tiennent dans les bois de haute fu-
taie très-touffus, et souvent sur les
confins des lieux défrichés, dont ils

détruisent les produits. Quelques-
uns d'entre eux émigrent suivant la
saison, et font chaque année plusieurs centaines de lieues. Leur
nourriture consiste surtout en amandes. En domesticité, quelques-uns
prennent un goût assez déterminé
pour les substances animales; il en
est à qui ce genre de nourriture
fait contracter l'habitude de s'arracher les plumes pour en sucer la
base, ce qui devient pour eux un
besoin si violent, qu'ils finissent souvent par se mettre le corps tout-à-fait
à nu, partout où le bec peut atteindre.
Beaucoup s'accoutument à boire du
vin ou du moins du pain imbibé

de vin. En captivité, même dans la saison rigoureuse, ils cherchent à se baigner. Ils ont un sommeil assez léger, et il leur arrive de jeter quelques cris pendant la nuit.

Leur vie est très-longue, et on cite des individus qui ont vécu en domesticité quatre-vingt-dix et même cent ans et plus.

Ces oiseaux font leurs nids dans des troncs d'arbres pourris, ou dans les cavités de rochers, et le composent de détritus et de poussière de bois vermoulu, ou de feuilles sèches. Les œufs sont en petit nombre, ordinairement trois ou quatre par couvée. Les petits en naissant sont

tout nus, et leur tête est si grosse,
que le corps semble n'en former
qu'un appendice : ce n'est qu'au bout
de deux ou trois mois qu'ils sont
totalement revêtus de plumes. Les
oiseaux de ce genre que l'on apporte
en Europe sont, en général, pris
jeunes dans le nid. On en prend
aussi de plus grands lorsqu'ils sont
ivres, pour avoir mangé de la graine
de cotonnier en arbre, et lorsqu'ils
ont été atteints par une flèche dont
l'extrémité terminée en bouton les
étourdit sans les tuer. Tous sont
susceptibles d'éducation, et les
moyens que l'on emploie pour les
dresser consistent à leur infliger

certaines corrections, ou bien, lorsqu'ils font ce qu'on désire, à leur donner pour récompense les choses qu'ils aiment le mieux; de cette manière on réussit à leur faire exécuter différens gestes et prendre différentes postures au commandement. On leur apprend aussi à parler en prononçant souvent près d'eux les mots qu'on veut leur faire répéter. Quelques-uns apprennent à siffler des airs. Il en est d'ailleurs qui se plaisent d'eux-mêmes à imiter les cris des animaux et les bruits qu'ils entendent fréquemment.

Ils s'attachent à ceux qui ont soin d'eux, et ils prennent de l'aversion pour les personnes dont ils ont éprouvé les mauvais traitemens.

Les amandes amères et le persil sont, dit-on, des poisons pour les perroquets.

L'ARA BLEU.

Cet oiseau se voit assez communément en France. Il a trente-deux pouces de longueur. Toutes les parties supérieures sont d'un bleu d'azur éclatant. La poitrine et tout le dessous du corps sont d'un jaune brillant; la gorge est entourée d'un large collier verdâtre.

Dans cette espèce est comprise

la **PERRUCHE - PAVOUANE**, d'un pied de longueur à peu-près. Elle est d'un beau vert, avec le sommet de la tête d'un bleu verdâtre; la face inférieure des ailes et la queue d'un jaune verdâtre; les petites couvertures inférieures de l'aile, d'un beau rouge. On trouve très-communément cette perruche à la Guyane et aux Antilles.

LA PERRUCHE A COLLIER.

La Perruche à collier, jolie es-pèce. Sa couleur est d'un vert-pré uniforme. Le mâle porte un collier couleur de rose. Le jeune mâle est entièrement vert.

LA PERRUCHE D'ALEXANDRE.

La Perruche d'Alexandre est souvent confondue avec la précédente. Pline a parlé de cette perruche, qui habite les Indes orientales, et qui fut apportée en Europe par Alexandre-le-Grand.

LA PERRUCHE-SINCIADO.

La Perruche-Sinciado, que l'on nomme tout simplement *Perruche*, longue de douze à quatorze pouces, dont la queue occupe plus de la moitié. Cette perruche, dont les couleurs sont très-agréablement distribuées, est très-commune aux Antilles, et notamment à Saint-Domingue; elle apprend facilement à parler, et c'est une de celles que l'on apporte le plus en Europe.

C'est dans cette division que se trouvent les espèces nommées perruches ingambes, qui ne perchent pas et courent fort vite.

LE PERROQUET GRIS.

Le Perroquet gris, ou *Jaco*, tout cendré, à queue rouge. Il est originaire d'Afrique, et il est très-recherché à cause de sa douceur, de son attachement pour son maître, et de la facilité avec laquelle on lui apprend à parler.

On donne en particulier le nom de perroquets-amazones à ceux qui sont de forte taille, qui ont le corps robuste et le plumage vert.

LE KAKATOÈS.

Le Kakatoès a la queue courte, carrée, le bec très-grand, épais et très-crochu, le tour de l'œil nu, la tête garnie d'une crête de plumes allongées, et susceptibles de se redresser à la volonté de l'oiseau. Il habite la Nouvelle Hollande, ou les Indes orientales, et vit dans les lieux marécageux.

PERROQUET A TROMPE.

Le Perroquet à trompe a la queue carrée, le bec très-fort et très-arqué, la tête pourvue d'une huppe composée de plumes étroites; la face nue, la langue petite, en forme de petit gland corné, et supportée par une base cylindrique et allongée. Il appartient à l'Asie.

SECOND ORDRE.

LES OISEAUX DE PROIE.

C'est dans cet ordre que nous trouvons les oiseaux les plus grands, les plus forts et les plus redoutables. Leur bec crochu, à pointe aiguë, est recourbé vers le bout. Les narines sont percées vers la base du bec, dans une membrane qu'on appelle cire. Tous ces oiseaux sont armés de serres, ou ongles vigoureux. Ils se nourrissent de chair vivante, en faisant la chasse à d'autres animaux; quelques-uns se contentent de charogne. Un des oiseaux les plus grands et les plus remarquables de cet ordre, est le vautour.

LE VAUTOUR DES AGNEAUX.

(LOEMMERGEYER.)

Il habite en petit nombre les cimes des plus hautes montagnes, où il niche dans le creux des rochers escarpés. Il a les yeux à fleur de tête. Ses ailes sont toujours à demi-écartées, même dans ses momens de repos. Il attaque les agneaux, les chèvres, les chamois, et même, dit-on, les hommes endormis. On prétend qu'il lui est arrivé d'en-

lever des enfans. Sa méthode est
de forcer les animaux à se préci-
piter du haut des rochers escarpés,
pour les dévorer quand ils sont
brisés par leur chute. Il ne rebute
cependant pas la chair morte. Long
de près de 4 pieds, il a jusqu'à 9 ou
10 pieds d'envergure. Son manteau
est noirâtre, avec une ligne blanche
sur le milieu de chaque plume. Son
cou et tout le dessous de son
corps sont d'un fauve clair et bril
lant. Son nid est formé de grands
morceaux de bois recouverts de
foin, et sur lesquels il dispose une
couche de mousse et de plumes.
Ses œufs, au nombre de 3 à 7,

sont blancs, tachetés de brun, et un peu plus gros que ceux de l'oie. Cet oiseau de proie est courageux et redoutable. Lorsqu'il aperçoit de loin l'ennemi, il allonge le cou, secoue ses ailes, et produit un bruit semblable à celui que fait le vent à travers le feuillage. Il vole si haut, qu'on le perd presque entièrement de vue. Son cri fait trembler les chamois, les chèvres, les moutons, les marmotes, les lièvres et les perdrix, qui constituent sa principale proie. Lorsqu'il veut se saisir d'un de ces animaux, il décrit d'abord au-dessus de lui plusieurs cercles, puis il s'abat, l'empoigne avec ses serres, et l'emporte sur les rochers, d'où il le laisse tomber au fond des précipices; puis il lui crève les yeux, lui ouvre le ventre, et lui mange les intestins.

On a vu un griffon enlever un renard; mais le renard le mordit tellement, que l'oiseau affaibli fut obligé de redescendre, et laissa échapper sa proie. Dans le canton de Schwitz, un jeune pâtre fut précipité du haut d'un rocher par un de ces oiseaux, qui ensuite le dévora. Un autre griffon, dans le canton d'Appenzel, enleva un enfant sous les yeux mêmes de ses parens. Un autre paysan de Graubünden, voulant défendre un cabri qu'un de ces oiseaux venait d'attaquer, se vit obligé de prendre la fuite. Un autre paysan, qui venait de dénicher deux petits griffons, ne put parvenir à se sauver de la colère du père et de la mère qu'en employant sa hache. Un chasseur de chamois, voulant aller chercher un de ces nids, fut attaqué par la mère qui, s'attachant à ses flancs, lui abîmait le bras à coups de bec; il eut la présence d'esprit de diriger contre l'oiseau le canon de son fusil qu'il fit partir avec le pied; et, ayant ainsi tué son adversaire, il put prendre les petits, qu'il vendit deux louis d'or. On attrape or-- dinairement les griffons avec des traquenards; en Sardaigne, on les attire en jetant de la charogne dans un fossé, et lorsqu'ils sont arrivés là, alléchés par l'odeur, on les tue à coups de bâton. Dans d'autres cas, on expose sur la cime des rochers de la chair rôtie. Une chose remarquable, c'est l'effet que la couleur rouge produit sur ces oiseaux; ils se jettent sur toutes les personnes qui portent un vêtement de cette couleur, croyant sans doute se jeter sur de la chair saignante.

L'AIGLE IMPÉRIAL.

C'est un autre oiseau de proie un peu moins grand que le griffon. Il a sur les épaules une grande tache blanchâtre. Sa queue est noire, ondée de gris à sa partie supérieure. La femelle est fauve et tachetée de brun. Cet oiseau habite les montagnes du midi de l'Europe.

LE FAUCON ORDINAIRE.

Cet oiseau est de la taille d'une poule, et se reconnaît facilement à sa moustache noire triangulaire, et qui est plus large que dans aucune autre espèce de son genre. Il varie au

reste beaucoup dans sa couleur. Ordinairement il est brun, rayé en travers de cendré-noirâtre. La queue
est brune sur le dessus, avec des
taches roussâtres, et en dessous il
a des bandes pâles : sa gorge est
toujours blanche. On trouve cet oiseau dans toute l'Europe, dans le
nord de l'Asie et de l'Afrique; il
est surtout fréquent dans le nord
de l'Allemagne. Vers l'automne, il
passe dans les pays chauds, mais il
est remplacé, pendant tout l'hiver,
par d'autres qui viennent des contrées
du nord. C'est pendant cette saison
qu'on le rencontre chez nous dans
les champs, perché sur les pierres

et les buttes de terre, où il attend sa proie qui consiste en petits oiseaux, pigeons, canards sauvages, oies; il saisit sa proie avec une rapidité extrême, et poursuit les pigeons dans l'intérieur des villages, et même jusque dans les colombiers. Très-fort, courageux, il vole ordinairement très-bas pour faire lever les oiseaux, mais il s'élève aussi, surtout pendant le printemps; il est, au reste, très-farouche, très-prudent et aime à gagner les forêts pour y passer la nuit. Pendant l'été, il se tient dans les contrées montagneuses et couvertes de bois, où il fait la chasse surtout aux perdrix et aux petits animaux de toute espèce. Alors il méprise la charogne, et ne revient pas même le lendemain pour manger ce qu'il a laissé la veille. Il fait son nid sur les arbres les plus élevés et les rochers les plus abruptes. Ses œufs, au nombre de trois, sont rougeâtres, tachetés de brun : la femelle seule les couve pendant trois semaines, temps pendant lequel le mâle lui apporte sa nourriture.

L'AIGLE ROYAL.

C'est un des aigles qu'on rencontre le plus souvent en Europe.

Il a deux pieds ¹/₂ de longueur; il est de couleur brun-foncé, avec la pointe de la queue noire. Jeune, il est tout-à-fait noir. La femelle est plus grande que le mâle.

Il vit dans toute l'Europe, surtout en Russie; on le trouve aussi dans le nord de l'Amérique, mais seulement sur les hautes montagnes. Dans la Suisse et dans le Tyrol on le rencontre fréquemment; de là il descend, pendant l'hiver, dans les plaines de l'Allemagne, pour faire la chasse aux lièvres et aux oies sauvages. Il se jette aussi sur les agneaux, les veaux, les chevreuils. Sa proie ordinaire consiste en per-

drix, cailles, souris, et, à leur dé-
faut, il mange de la charogne. Sa vue
est excessivement perçante. C'est un
oiseau très-fort et très-rusé, qui s'é-
lève à une grande hauteur dans les
airs, au point d'être perdu de vue;
il est très - intelligent, s'apprivoise
aisément, et peut être dressé pour
la chasse. On en a gardé 20 ans
en domesticité. Quelquefois il jeûne
pendant tout un mois. Il perche sur
les rochers les plus inaccessibles, où
il construit son nid, quelquefois sur
les cimes des montagnes, dans les
grandes forêts d'Allemagne. Ce nid
est composé de fortes branches, de
mousse, de laine et de poils. Il ren-

ferme seulement deux œufs blancs tachetés de brun. Les pères et mères apportent leur proie à leurs petits quelquefois de plusieurs lieues. Lorsque l'on déniche les petits, ils les défendent à coups de bec et à coups d'ailes. C'est une exagération que d'avoir prétendu qu'ils avaient tué et transporté des enfans jusque dans leur nid, mais l'on a des exemples qu'ils ont attaqué des chèvres, et les ont tuées et dévorées. Ces oiseaux sont plus audacieux que le lœmmergeyer dont nous avons parlé.

Dans le canton de Graubünden, un chasseur de chamois descendit au moyen d'une longue corde pour aller à un nid dans lequel il apercevait un petit. Comme le rocher s'avançait beaucoup, il lui fallait ramper sur le ventre pour approcher de ce nid, puis le lier sur son dos, et remonter. Tout cela se fit heureusement, et il demanda 220 fr. pour l'oiseau déniché qui était tout noir, avec un luisant bleu d'acier. Dans le canton de Glaris, on descendit un jeune homme le long d'un rocher, tandis qu'en haut on fit un grand bruit pour chasser les père et mère. Dans ce nid il n'y avait également qu'un petit, tout noir. En domesticité, ils ne peuvent supporter les chiens;

aussitôt qu'ils aperçoivent ces animaux, leurs plumes se redressent et ils se jettent dessus avec fureur. Dans la Tartarie on l'emploie à la chasse des grands animaux. Les longues plumes de ses ailes et de sa queue servent à faire des flèches.

C'est à lui qu'on se plaît à rapporter les récits exagérés que faisaient les anciens, du courage, de la force et de la magnanimité de leurs aigles dorés.

LE CONDOR.

Cet oiseau ne vit pas dans nos pays, et il est très-rare d'en voir de vivans, si ce n'est dans la ménagerie royale de Paris. C'est, sans contredit, le plus grand de tous les oiseaux de proie. Il est noir, avec une grande partie des ailes cendrée, et le collier soyeux et blanc. Outre sa crête supérieure, qui est grande et sans dentelure, il en a aussi une sur le bec, comme le coq. Cet oiseau habite les plus hautes montagnes des Cordilières, dans l'Amérique méridionale. C'est lui qui s'élève le plus haut dans son vol. Il a 3 pieds et demi de long, sur 13 d'envergure. C'est au célèbre voyageur, M. de Humboldt qu'on doit les renseignemens les plus exacts sur cet oiseau dont on avait singulièrement exagéré l'histoire. On pensait qu'il se trouvait aussi en Asie, et que c'était lui qui était l'oiseau nommé Roch, dont il est question dans les fables des Arabes, et particulièrement dans Marco-Polo, qui prétend qu'il enlève les animaux les plus grands, et même les éléphans. On l'a aussi confondu longtemps avec le lœmmergeyer. Des personnes mal instruites ont prétendu que cet oiseau avait 16 pas d'envergure, et des plumes de huit pieds de longueur; elles ont dit qu'il est moitié griffon et moitié lion. Le Kan des Tartares ayant entendu dire qu'il y avait dans l'île

de Zenzibar de ces oiseaux extra-
ordinaires, y envoya une députa-
tion. On lui rapporta une plume
qui avait, dit-on, 90 palmes. Le
Kan en fut tellement enchanté, qu'il
fit de magnifiques cadeaux à ceux
qui la lui apportèrent. On lui rapporta une dent d'un cochon de cette
île, qui devait être aussi grand
qu'un bœuf. On lui fit encore d'autres contes; ainsi, on lui dit qu'il
y avait des giraffes, des éléphans,
dont on exagérait les formes et la
grandeur. Quant à la prétendue
plume, ce n'était probablement
autre chose qu'un tronc de palmier.

Jusqu'à présent on n'a rencontré

le Condor qu'en Amérique. En
1710, le voyageur Feuillée en vit
un dans la vallée de Plo, au Pérou,
et perché sur le haut d'un rocher,
non loin de la mer. La grandeur
gigantesque de cet oiseau le frappa,
et lui donna l'idée de lui tirer un
coup de fusil. Blessé, le condor
s'envola à 500 pas sur un autre
rocher où un second coup vint l'atteindre au cou. Il se renversa sur
le dos, et se défendit avec force
contre Feuillée, qui ne savait pas
où le prendre. Heureusement le
coup était mortel. Aidé par un ma-
telot, il le transporta dans sa tente.
M. de Humboldt, qui a eu oc-

casion d'observer long temps ces oiseaux, a vu qu'ils se tiennent ordinairement dans les montagnes, d'où ils ne sortent que pendant les temps de pluie. Vers le soir ils vont sur le rivage de la mer chercher les grands poissons morts que les vagues y ont jetés, et le matin ils se retirent dans les montagnes. On en a vu voler sur le haut du Chimborasso, l'une des montagnes les plus élevées de la terre, puis venir se reposer sur les glaciers et les neiges perpétuelles. On ne les a jamais vus attaquer des hommes ni enlever des enfans. Mais ils attaquent les bœufs, auxquels ils commencent par crever

les yeux. Les œufs du condor ont
3 à 4 pouces de long, et sont tout
blancs; il les dépose sur les rochers
sans faire préalablement aucun nid.
La femelle reste une année entière
auprès de ses petits. Ils font la
chasse à deux, avec beaucoup d^e
ruse, et les dégats qu'ils causent
dans la province de Quito sont souvent considérables. Lorsque le condor est bien repu, il est pesant et
paresseux, et on peut le pousser devant soi sans qu'il s'envole. Dans
plusieurs provinces, les paysans aiment à l'attraper vivant; ils l'attirent
avec de la charogne, et quand il est
bien gorgé de nourriture, on le

prend dans des filets. On mêle aussi à la charogne des herbes qui l'enivrent. On peut l'apprivoiser facilement.

LE FAUCON PÉLERIN.

Nous parlerons de cette espèce d'oiseau, comme étant du nombre des oiseaux de proie employés pour la chasse. Il habite tout le nord du globe, et niche dans les rochers les plus escarpés. Son vol est si rapide qu'il n'est presque aucun lieu de la terre où il ne parvienne. Le faucon fond sur sa proie verticalement comme s'il tombait des nues, ce qui fait qu'il ne peut prendre les oiseaux qu'au vol; autrement il se briserait. On emploie les mâles contre les pies et autres oiseaux plus petits, et la femelle contre les faisans et même contre les lièvres. Il est de la grandeur d'une poule. Sa couleur est d'un brun foncé, le dessous d'un blanc jaunâtre. Il est très-fort et très-courageux, et cependant très-farouche. Il aime à se tenir pendant la nuit dans les forêts épaisses. Pendant l'été il se retire dans les bois des montagnes où il chasse les perdrix et autres petits animaux. Dans une saison il ne mange que de la viande fraîche. Il construit son nid sur les arbres les plus élevés et les rochers, où il pond trois œufs rougeâtres, tachetés de brun, qu'il couve pendant trois semaines. Pendant ce temps, le mâle apporte avec des soins empressés la nourriture à la femelle. Autrefois on voyait des hommes faire de longs voyages, aller les chercher et les dresser pour la chasse. On cite surtout le village de Falkenswerth (en Flandre) où tout le monde s'occupait d'attraper et de dresser ces faucons, faisant de leur industrie une espèce de secret. Vers l'automne ils se dirigeaient vers le nord, dans le duché de Brême, pour faire la chasse à ces oiseaux, et lorsqu'ils étaient parvenus à en avoir six ou sept, leur peine était largement récompensée, puisque l'on donnait sept à huit cents florins pour un individu bien dressé. Ces mêmes habitans se transportaient aussi, comme fauconniers, au service des cours. Aujourd'hui on ne chasse plus au faucon que dans l'Orient, où cela se pratique depuis les temps les plus anciens, et où on employait, dit-on, cet oiseau de proie contre les gazelles. En Europe, cette manière de chasser date du règne de Charlemagne.

Une grande partie de cet ordre est formée par des oiseaux de proie nocturnes, car tous ceux que nous venons de citer ne chassent que pendant le jour.

LES OISEAUX DE PROIE
NOCTURNES.

A cette famille appartiennent le Hibou, la Chouette, le Grand-Duc des naturalistes et la Chevêche. On reconnaît tous ces oiseaux à leur grosse tête et à leurs yeux dirigés en avant et entourés d'un cercle de plumes effilées. Leur énorme pupile laisse entrer dans l'œil tant de rayons de lumière qu'ils en sont éblouis pendant le jour. Leur crâne est fort épais, mais d'une substance très-légère. Ces oiseaux volent surtout à l'heure du crépuscule et quand se fait le clair de lune. De jour, quand ils sont attaqués, ou frappés de quelque objet nouveau, sans s'envoler, ils se redressent, prennent des poses bizarres et font des gestes ridicules. Ils se nourrissent de souris, d'insectes, de petits oiseaux qui ont pour eux une antipathie naturelle, et se réunissent de toutes parts pour les assaillir; ce qui fait qu'on les emploie pour attirer les oiseaux au piége.

L'EFFRAYE.

On rencontre dans les vieilles tours

et les clochers cet oiseau que le peuple regarde spécialement comme un oiseau de mauvais augure. Son dos est nué de fauve et de cendré, ou de brun coquettement piqueté de points blancs enfermés entre deux points noirs, et son ventre est tantôt blanc, tantôt fauve, avec ou sans mouchetures brunes. Elle a plus d'un pied de longueur; c'est sans contredit le plus beau des oiseaux de proie nocturnes, qui paraît habiter tous les pays et tous les climats. L'Effraye fréquente surtout les parties retirées des bâtimens dans les grandes villes, d'où elle sort la nuit pour visiter les

champs et les forêts. Pendant l'hiver, elle pénètre dans les greniers
qu'elle purge de souris. Lorsque
les froids deviennent fort rigoureux,
plusieurs individus se fourrent ensemble dans les foins et la paille où
on les entend ronfler comme des
hommes. Elles pondent cinq œufs
qu'elles déposent dans les trous des
vieilles murailles, sans faire de nids.
On pense que c'est l'oiseau dont
les anciens disent tant de choses
étranges. Cependant, Pline avoue
qu'il ne sait pas au juste quel est
l'oiseau de proie nocturne sur lequel pèsent tant de malédictions. Ils
prétendaient que ces oiseaux se

glissaient pendant la nuit auprès du berceau des enfans, auxquels ils faisaient sucer leur lait venimeux, et les ensorcelaient. On prétendait qu'ils les accablaient comme un cauchemar, et les étouffaient; qu'ils leur suçaient même le sang, et les tuaient. Pour prévenir tous ces malheurs, il fallait arracher les yeux d'une hyène vivante, les envelopper dans un chiffon de pourpre, et les appliquer sur le bras de l'enfant; ou bien encore l'on pouvait employer les prières, les sacrifices, ou une verge d'aubépine pour les chasser. Une amulette composée d'ail avait aussi la même propriété.

LA CHEVÊCHE COMMUNE.

C'est un autre oiseau de proie nocturne de la grosseur du merle; d'un brun gris, avec des taches blanches; le dessous est brun-rougeâtre avec des taches brunes. Cinq bandes transversales, pâles, se trouvent sur la queue. On la trouve dans toute l'Europe méridionale, dans les bâtimens et les vieilles murailles, comme la précédente. Pendant l'hiver, elle aime à se nicher dans les granges où elle fait entendre le cri de *poupou clivi*. Cet oiseau a le singulier instinct de voltiger vers les croisées, de nuit surtout, lorsqu'il y a des malades dans la maison, qu'il sent de loin; ce qui a contribué à le faire considérer comme un messager de la mort. Pendant le jour, il vole rarement et d'une manière fort irrégulière. Il se nourrit d'insectes, de souris et des petits oiseaux qu'il sait habilement plumer. Son nid, qui est composé de petits débris, se trouve ordinairement dans le creux des murailles des vieux châteaux en ruine. La femelle pond de 2 à 4 œufs, qu'elle couve alternativement avec le père pendant 16 jours. On l'apprivoise facilement et l'on s'en sert pour attirer les autres oiseaux.

Il court librement dans la maison;
il se laisse flatter par son maître,
et se défend avec courage de l'attaque des chats. Pour attraper les
oiseaux, on l'attache dans un champ
à un pieu. On le place sous une
chaise, et une personne placée au
loin lui tire la patte au moyen d'une
corde, ce qui le contraint d'accom-
plir toutes sortes de mouvemens. Les
petites mésanges, les rouges-gorges,
les chardonnerets et une foule d'autres oiseaux voltigent alors autour
de la chevêche et se laissent prendre.
On a remarqué qu'il est rare que
l'on attrape ainsi des pinsons, bien
qu'ils viennent mêler leurs cris et

leurs sauts aux autres, car ils ont soin de se tenir toujours à une certaine distance. Cette chasse dure depuis le mois de juin jusqu'au mois de novembre. On voit des Italiens traverser des montagnes et s'avancer jusqu'à Graubünden pour se livrer à cette chasse. Sur les marchés d'Italie on voit des caisses pleines de ces oiseaux nocturnes. Ils supportent mieux que les autres oiseaux de proie de leur famille la lumière du jour. Et quoiqu'ils se tiennent pendant le jour dans les creux d'arbres, ils en sortent pourtant pour se chauffer au soleil.

En Toscane, c'est l'oiseau de

proie le plus commun. Il n'y a presque pas une maison, pas un toit où il n'y en ait une paire de nichée; pas un vieux bâtiment, un trou d'arbre où cet oiseau n'ait cherché un refuge. Il chasse surtout au coucher et au lever du soleil. Il préfère les insectes, les souris et chauves-souris qu'il attrape et dépose dans sa retraite, où il les laisse pendant quelque temps avant de les tuer à coups de bec. Pendant la nuit, les chevêches font retentir leurs cris plaintifs, au milieu des grandes villes, ce que la superstition ne manque pas de considérer comme un mauvais signe. Lorsqu'elles crient devant les fenêtres d'un malade, c'est pour lui un augure inévitable de mort. Malgré cela on en élève un très grand nombre que l'on apprivoise dans toute la Toscane, parce que, par leurs gestes précipités et bizarres, elles attirent la curiosité des oiseaux plus que tous les autres également nocturnes. Depuis le mois de juin jusqu'en septembre on en voit dans les villages et les bourgs, qui attendent un signe de leur maître pour saluer les passans. Pour les dresser à la chasse, on les prend fort jeunes, même à la sortie du nid, et on leur fait exécuter la ritournelle. C'est l'oiseau de Minerve, et le symbole de la méditation.

LE GRAND DUC.

C'est le plus grand de tous les oiseaux de proie nocturnes; il est d'une couleur fauve, avec une mèche et des pointillures latérales brunes sur chaque plume. Le brun est plus abondant en dessus et le fauve dessous, et les aigrettes sont presque toutes noires. Cet oiseau remarquable se trouve sur presque toute la terre, depuis le nord le plus reculé jusqu'au Cap-de Bonne-Espérance. Il vit partout sur les hautes montagnes, se tient isolément dans les rochers et les vieux châteaux. Pendant l'hiver, il descend quelquefois

dans les plaines. Lorsqu'il est tour-
menté, il vole aussi pendant le jour,
et même dans les forêts les plus
épaisses, sans se heurter contre les
arbres. La nuit il pousse des cris
effrayans, sourds et rauques. Ce sont
ces cris qui ont occasionné les contes
sur les chasseurs sauvages et les
sorciers. Lorsque, pendant le jour, il
a le malheur de rester à découvert
sur un arbre, les corbeaux et autres
oiseaux ne manquent pas de venir
voltiger autour de lui en poussant
des cris qui indiquent au chasseur
sa présence. C'est un oiseau très-fort
et très-courageux, qui se défend
contre le chasseur. Pendant le jour

il exécute une multitude de gestes, ce qui fait qu'on l'emploie pour attirer les autres oiseaux. Il se nourrit de grenouilles, de crapauds, de serpens, de lézards, de souris, de rats, même aussi de perdrix, de lièvres, de chevreuils. L'hiver il se jette quelquefois, pendant la nuit, sur les corbeaux endormis, ce qui occasionne un bruit infernal parmi tous les autres corbeaux de la forêt. Son nid est fait de branches de feuillage dans les trous de rochers, rarement sur les arbres. Il a trois pieds de diamètre, renferme de deux à quatre œufs blancs, un peu plus gros que les œufs du poulet. Il les couve pendant trois semaines. C'est le seul des oiseaux de proie nocturnes qui soit véritablement dommageable au gibier. C'est pourquoi, dans quelques pays, on paie une certaine somme à ceux qui le détruisent.

LE PETIT DUC.

Cet oiseau n'est pas plus fort qu'un merle, et n'a que sept pouces de longueur. Son plumage est cendré, plus ou moins nué de fauve, agréablement varié de petites mèches longitudinales noires, étroites, et de lignes transversales vermiculées grises, avec une petite ligne de taches blanchâtres aux épaules. On le trouve dans toute l'Europe, dans le nord de l'Amérique, et non dans la Suède et l'Angleterre. Il est commun surtout dans les îles que forme le Rhin, et en Italie. Il quitte ce pays pour passer l'hiver en Asie et en Afrique. Il revient dès les premiers jours du printemps, même avant le rossignol, et l'on entend alors son chant pendant les belles soirées. Il se tient isolément dans les champs, sur les peupliers. C'est là surtout qu'il fait entendre des concerts étranges, agréables et mélancoliques. C'est alors que les grenouilles accompagnent ces chants de leurs croassemens. Quelquefois les petits Ducs font entendre un sifflement qui répond assez bien au son de *kiou*. Ces chants, d'abord fréquens, cessent peu-à-peu, à mesure que l'oiseau s'occupe de la construction de son nid et du soin de ses œufs et de ses petits. Ils pondent 5 œufs blancs qu'ils déposent dans les creux d'arbres. Pour les tirer, il faut se placer sous l'arbre et imiter leurs cris.

TROISIÈME ORDRE.

PASSEREAUX.

C'est la plus nombreuse de toutes les familles. Elle comprend cette foule de petits oiseaux qui voltigent dans nos forêts, nos champs et nos jardins. Ils n'ont ni la violence des oiseaux de proie, ni le régime déterminé de nos oiseaux de basses-cours. Ils se nourrissent d'insectes, de fruits, de grains. La longueur proportionnelle de leurs ailes et l'étendue de leur vol sont aussi variables que leur genre de vie.

MERLE COMMUN.

Nous parlerons d'abord du Merle commun. Le mâle porte un plumage entièrement noir foncé, sans reflets; il a le bec et les paupières jaunes, les pieds et les ongles noirs; la femelle a la tête, le derrière du cou et tout le dessus du corps bruns; la gorge variée de gris, de brun et de roussâtre; le devant du cou, la poitrine et le haut du ventre d'un brun roux; les ailes et la queue brunes, ainsi que les pieds et les ongles; le bec noirâtre. Les jeunes mâles portent la livrée de leur mère jusqu'à la première mue. Le

merle se nourrit de baies, de fruits
et d'insectes; il n'émigre point pendant l'hiver. Son chant est un
sifflement éclatant, qu'il fait entendre le soir et le matin, et plus
fréquemment quand le ciel est som-
bre; il a quelques rapports avec celui du rossignol. En domesticité,
il chante pendant toute l'année,
et parvient à apprendre à articuler
des paroles. On en a gardé pendant
12 ans, en les nourrissant de son,
d'orge et de pain dans du lait; pendant l'été il vit d'insectes, et l'hiver,
des graines du genévrier. Ces oiseaux
sont très-rusés et défians; ils se
tiennent toujours cachés, et volti-

gent très-bas d'un buisson à l'autre.

C'est un des oiseaux qui fait son nid le premier; il a déjà des petits, vers la fin du mois de mars. Il compose son nid de mousse et de petites branches qu'il réunit avec de la terre glaise. Les merles se tiennent toujours dans les buissons les plus touffus; les œufs sont d'un vert grisâtre, avec un grand nombre de petites taches et de stries brunes. Ils font deux fois des nids, et couvent en commun. On les attrape l'automne et l'hiver avec des lacets auxquels on suspend des baies rouges. Leur chair est d'assez bonne qualité.

LE LORIOT,

Cet oiseau est un peu plus grand que le merle. Le mâle est d'un beau jaune; il a les ailes, la queue et une tache entre l'œil et le bec, noires; le bout de la queue, jaune. Cet oiseau suspend aux branches un nid artistement fait. Il ne reste chez nous que pendant le printemps, et va passer l'hiver en Afrique. Les Loriots voyagent par petites bandes de 5 ou 6. Dans l'été, lorsqu'ils sont devenus gras, leur chair est bonne à manger; et ils feraient, par leur beauté, l'ornement des volières, s'ils n'étaient très-difficiles à élever. Dans les pays chauds, tels que l'Italie et le levant, ils se nourrissent des baies du mûrier; ils se cachent toujours soigneusement derrière les feuilles. En domesticité, il faut les laisser courir dans la chambre, leur donner des cerises et les habituer à la nourriture du rossignol; malgré tout cela, ils succombent promptement.

Ils pondent cinq œufs blancs, avec des taches brunes et noires, et que le mâle et la femelle couvent alternativement pendant 15 jours.

LE ROUGE-GORGE.

Ce petit oiseau est commun en Europe, mais il nous quitte l'hiver. Il nous reste cependant quelques individus qui, pendant les grands froids, se réfugient dans les habitations et s'apprivoisent facilement. C'est un oiseau curieux et familier, facile à prendre, qui vit et voyage seul, mais qui s'approche de l'homme, et accompagne souvent les voyageurs pendant un long trajet. C'est le plus matinal de tous les oiseaux, et c'est aussi le dernier qu'on voit voltiger après le coucher du soleil. Son chant, composé de tous déliés, légers et tendres, n'est qu'un gazouillement pendant l'hiver; mais au printemps il prend plus d'étendue et plus d'éclat. On le trouve partout dans les grandes forêts, surtout dans les vallées et dans les jardins. Avant de nous quitter, dans l'automne, il voltige pendant plusieurs semaines dans les haies, laissant échapper un petit cri d'appel; et on l'entend crier surtout la nuit : *sisi, sisi.* Son chant est élevé et par saccades; il le fait entendre soir et matin à la cime des arbres. Les rouges-gorges sont fort pétulans, et voltigent sans cesse d'arbre en arbre, de buisson en buisson, cherchant des fruits,

et surtout des groseilles. Ils se tiennent ordinairement sur les branches
avancées pour mieux voir les insectes. Ils couvent deux fois par
an, ont sept œufs d'un blanc jaunâtre, avec des points et des lignes
jaunes-rouges. On les apprivoise
facilement, et l'on peut les garder
jusqu'à 8 ans. On leur apprend à
imiter le rossignol.

Ce sont de petits êtres très-ja-
loux, qui ne souffrent pas un autre
oiseau dans leur cage, et finissent
même par le tuer (s'ils sont de
taille à le faire). Ils attrapent les
puces. On peut les nourrir de pain,
de viande, de chenevis, de fromage

et de mouches. En Toscane, un oiseleur en prend par jour 150 à 200 individus, par le moyen de la chouette.

LE ROSSIGNOL.

Cet oiseau remarquable est de la grandeur de notre moineau, et d'un gris rougeâtre, avec le bec d'un brun foncé, et les pieds d'un rouge de chair brunâtre. On le rencontre dans toute l'Europe et les parties tempérées de la terre. On le regarde comme le plus élégant chanteur des oiseaux. Il aime surtout les jardins plantés d'arbres, et les futaies mélangées de champs et de prairies, où il revient régulièrement toutes les années. On a remarqué qu'on ne le trouve ni dans la Suisse ni dans la forêt noire, et on ne peut s'expliquer cette particularité, d'autant moins qu'il y en a beaucoup sur les bords du Rhin, du Danube, et même dans la Suède. On croit qu'il évite le voisinage des hautes montagnes. On en rencontre déjà des individus isolés au mois d'avril, et dès le mois d'août ils se préparent à partir, et voltigent d'arbrisseau en arbrisseau. C'est alors qu'on peut les prendre le plus facilement. Ils se nourrissent de chenilles et d'autres insectes qu'ils vont chercher sur la mousse et les écorces d'arbrisseaux.

Ils font leurs nids très-bas dans les haies, et même sur la terre lorsqu'ils peuvent les cacher dans les herbes : ils les composent de feuillage, de paille et de crins. Ils pondent 6 œufs d'un vert jaunâtre, que le mâle et la femelle couvent alternativement pendant 15 jours. Les petits quittent le nid de bonne heure, se tiennent dans les buissons, et appellent leur mère par un petit sifflement particulier. Quelquefois ils font deux pontes par an. En domesticité, on les nourrit avec des œufs de fourmis.

Dans les bois, perché sur une

branche, il fait retentir le calme de la nuit d'un chant qui pénètre l'âme, et la dispose aux douces impressions. Souvent il interrompt son ramage; et alors de petits cris aigus lui succèdent : c'est l'éloge que lui donne sa femelle.

Ainsi que le soir, l'aube matinale est accueillie par le concert du rossignol; mais alors son chant est plus vif, et bientôt il est accompagné de celui des autres oiseaux.

C'est surtout après la ponte que, perché sur une jeune branche toute voisine de celle qui porte sa famille, un peu au-dessus d'elle, marquant la mesure par un petit balancement qu'il imprime au rameau, il amuse ordinairement pendant la nuit sa femelle et ses petits.

On pourrait citer quelques autres oiseaux chanteurs dont la voix le dispute, à certains égards, à celle du rossignol : les uns ont d'aussi beaux sons, les autres ont le timbre aussi pur et plus doux; mais il n'en est pas un seul que le rossignol n'efface par la réunion complète de ses talens divers, et par la prodigieuse variété de son ramage, en sorte que la chanson de chacun de ces oiseaux, prise dans toute son étendue, n'est qu'un couplet de celle du rossignol. Le rossignol charme toujours, et ne se répète jamais; s'il redit quelque passage, ce passage est animé d'un accent nouveau. C'est par degrés qu'il s'anime, qu'il s'échauffe, et que bientôt il déploie, dans leur plénitude, toutes les ressources de son incomparable organe.

Au reste, une des raisons pour lesquelles le chant du rossignol est plus remarqué et produit plus d'effet, c'est que chantant la nuit, qui est le temps le plus favorable, et chantant seul, sa voix a tout son éclat, et n'est offusquée par aucune autre voix. Quoique très-varié, le chant du rossignol est renfermé dans une seule octave. Il paraît presque impossible d'imiter le chant du rossignol; et tous les essais faits jusqu'à ce jour ont été infructueux : néanmoins la voix humaine approche beaucoup plus de la ressemblance que tous les instrumens morts. On vit, dit-on, autrefois à Londres, un homme qui, par son chant, savait attirer les rossignols au point qu'ils venaient se percher sur lui, et se laissaient prendre à la main.

Le rossignol aime à primer par ses accens : on a vu plusieurs de ces oiseaux tomber morts de jalousie aux pieds d'une personne qui chantait; d'autres s'agiter et se gonfler la gorge de dépit. Passé le mois de juin, le rossignol ne fait plus entendre que des sons qui ressemblent à un croassement.

Les fables les plus ridicules ont été débitées sur le rossignol. Comme il passe toutes les nuits du printemps à chanter, les anciens s'étaient persuadés qu'il ne dormait point, et la superstition avait établi que sa chair était anti-soporeuse, et qu'il suffisait d'en mettre un morceau, le cœur principalement, sous l'oreiller d'une personne pour lui donner une insomnie. Aussi, a-t-on considéré cet oiseau comme l'emblème de la vigilance. Pline vous dira que les fils de l'empereur Claude avaient des rossignols qui parlaient grec et latin. Gessner vous citera la lettre d'un homme qui rapporte qu'un maître-d'hôtel de Ratisbonne avait des rossignols qui passaient la nuit à converser en allemand sur les intérêts politiques qui occupaient alors l'Europe. D'autres vous diront que les vipères et les crapauds, fixant un rossignol lorsqu'il chante, le fascinent tellement de leur regard, qu'il perd insensiblement la voix et finit par tomber dans la gueule béante du reptile. Enfin, l'on cherchera à vous persuader que les père et mère ne soignent, parmi leurs petits, que ceux qui montrent du talent pour le chant, et qu'ils tuent les autres où les laissent mourir d'inanition.

Le mâle, au printemps, arrive huit jours avant la femelle.

Mis dans de grandes cages, ces oiseaux pondent des œufs en domesticité.

A l'époque de la mue, cet oiseau se trouve souvent indisposé : il est bon alors de lui faire manger une araignée ou du safran ; surtout lorsqu'il se gonfle, ferme à demi les yeux, et fourre sa tête sous son aile.

LA FAUVETTE.

Ce petit oiseau n'a que cinq pouces de longueur, y compris la queue. Il est d'un gris brun dessus et d'un gris olivâtre dessous. C'est un oiseau assez commun dans les champs et les buissons, où il cherche des chenilles. Il mange aussi des cerises et des graines de genévrier. Il chante très agréablement jusqu'à la Saint-Jean. Il arrive chez nous avant le rossignol, et part au mois de septembre. Il fait un petit nid très-mince dans les buissons d'épines. La femelle pond cinq petits œufs d'un brun bleuâtre avec des taches brunes et gris de cendre. Lorsque l'on approche du nid, les petits s'envolent de suite et vont se placer dans un autre nid, car ils en ont plusieurs. Ils se familiarisent facilement, mais ils ne vivent pas long-temps en domesticité.

LA PIE-GRIÈCHE.

Ces oiseaux vivent en famille, volent irrégulièrement et précipitamment en jetant des cris aigus. Ils font leurs nids avec propreté sur les arbres, pondent 5 à 6 œufs, et prennent beaucoup de soin de leurs petits. On a remarqué qu'ils ont l'habitude d'imiter le ramage des oiseaux qui vivent dans leur voisinage. Les femelles et les jeunes ont généralement le dessous du corps finement rayé en travers. Les espèces de ces oiseaux qui ont le bec fort et crochu, ont un courage et une cruauté qui les ont fait associer aux oiseaux de proie par beaucoup de naturalistes. Elles poursuivent, en effet, les petits oiseaux, et se défendent contre les gros, qu'elles attaquent même quand il s'agit de les éloigner de leur nid. L'espèce dont nous allons parler est la plus grosse et la plus grande de toute l'Europe. Elle a 9 pouces de longueur, et est cendrée dessus et blanche dessous. Les ailes, la queue et une bande autour de l'œil, sont noires. On la rencontre aussi dans le nord de l'Amérique. Chez nous, elle reste toute l'année dans les petits bosquets entourés de champs. Ces pies-grièches se tiennent des heures entières dans les cimes des arbres pour attendre leur proie qui consiste en insectes, principalement en hannetons et sauterelles. Elles font aussi la chasse aux couleuvres, lézards et petits oiseaux. Lorsqu'on les surprend, elles emportent la proie avec leur bec ou leurs pattes pour la suspendre à une épine ou la cacher sous une pierre. On

prétend même qu'elles parviennent
à écarter les faucons de leur proie
en jetant un cri lorsqu'elles les voient
s'approcher, afin d'avertir les autres
biseaux. Cet oiseau est presque toujours en guerre avec les autres. Le
mâle chante assez agréablement pendant le printemps en enflant la gorge
à la manière des grenouilles. Son
vol est onduleux; il s'apprivoise
facilement.

Il fait sur les branches les plus inférieures des arbres, son nid qui est
très-grand, composé de paille, de
mousse, de poils. Les œufs, grisâ-
tres, tachetés de vert, sont au nombre de sept. Il couve 15 jours. Pendant

l'automne ces oiseaux voltigent par
familles. Au reste, ils sont sauvages
et défians, et il est difficile de les
approcher. Dans plusieurs contrées
on essaie de les détruire, croyant
qu'ils sont nuisibles, et cependant
c'est le contraire, car ils détruisent
une multitude de hannetons.

LA LITORNE.

Cet oiseau, que l'on prend en très-
grand nombre, a dix pouces de longueur. Il est cendré sur le dessus
de la tête et du cou, par le reste il
ressemble tout-à-fait au merle. On
le rencontre dans toute l'Europe,
surtout en Russie. La femelle ne

pond que dans les pays du nord. Ils arrivent chez nous pendant l'hiver, et s'avancent jusqu'en Italie et en Sardaigne, où ils hivernent en grandes troupes. Dans leur patrie, ils habitent les forêts de sapins, où ils se nourrissent de vers et d'insectes. Pendant l'automne ils se nourrissent de toutes sortes de baies. En Allemagne, ils arrivent au mois de novembre en troupes innombrables qui se tiennent surtout dans les forêts où il y a des genévriers. Ce n'est que lorsque l'hiver est trop rigoureux qu'ils cherchent des contrées plus chaudes, d'où ils reviennent au mois de mai par troupes qui descen-

dent le matin, de 3 à 8 heures, sur
les champs pour chercher des vers
et des insectes. Puis ils se posent
tous ensemble sur les arbres élevés
jusqu'à midi, et c'est alors qu'ils
reprennent leur voyage, jusqu'à 7
heures qui est le moment où ils
prennent leur nourriture. Après quoi
ils se perchent par centaine sur les
arbres pour y dormir. Aussitôt qu'au
matin un d'eux a crié *jack*, tous
répètent ce cri et continuent leur
route. Arrivés dans les pays du
nord, ils s'arrêtent particulièrement
dans les forêts de bouleaux. C'est sur
ce même arbre, qu'au mois de mars,
ils font leurs nids composés de paille

et de mousse. Ils pondent 6 œufs d'un vert pâle, avec des taches brunes. Les petits s'envolent vers le milieu du mois de mai. On trouve quelquefois 4 à 5 nids sur un seul arbre. Au mois de novembre on en attrape des quantités innombrables qui sont transportées sur nos marchés. Leur viande, délicate et très-saine, offre un goût légèrement amer. Chez les Romains, ces oiseaux et d'autres encore, furent engraissés dans des cages tellement vastes qu'elles pouvaient en contenir plusieurs milliers. Chez les Sabins, on pouvait engraisser les terres avec les excrémens qu'on tirait de ces cages.

Pour se faire une idée du nombre prodigieux de ces oiseaux, il faut voir le relevé des douanes de la seule ville de Dantzick, où il en entre, par année, trente mille couples. Dans la Prusse orientale, on fait monter à six cent mille le nombre des oiseaux que l'on mange annuellement. Aristote appelle cet oiseau Trichata; et Pline raconte qu'Agrippine, l'épouse de Claude, avait un de ces oiseaux qui prononçait des mots; mais le vieux naturaliste ne s'en était pas assuré par lui-même.

LE HOCHEQUEUE.

C'est un petit oiseau très-vif et très-remuant, qui se trouve principalement sur le bord des eaux. Le haut du corps est cendré, le dessous blanc; il a une calotte sur la tête. Sa gorge et sa poitrine sont noires. Cet oiseau, qui n'a que 7 pouces de longueur en y comprenant la queue, aime beaucoup visiter le voisinage de nos habitations; il saute de branche en branche, ou court avec une rapidité extraordinaire, en agitant continuellement sa queue. Il ne craint même pas d'entrer dans l'eau pour y chercher des vers; le même motif lui fait suivre les sillons de la charrue. Il est très-habile pour saisir les mouches. Au printemps, les hochequeues arrivent chez nous en grandes troupes; en automne, avant de se mettre en voyage, ils se rassemblent sur les maisons comme les hirondelles, et, quand ils sont en assez grand nombre, ils partent. Pendant le voyage, ils cherchent leur nourriture dans les joncs le long des rivières; c'est aussi là qu'ils se livrent au sommeil.

Cet oiseau niche deux à trois fois par an; il choisit à cet effet les saules, les tas de pierres, les creux sur le bord de l'eau, le bois et les

toits de paille. Son nid se compose
de racines, de mousse, de paille,
et n'est pas confectionné avec beaucoup d'art. Comme dans certains
endroits on respecte ces oiseaux à
cause de leur utilité, ils se sont fort
multipliés. Aussitôt que les hochequeues aperçoivent un oiseau de
proie, ils se réunissent en poussant
des cris, ce qui malheureusement
lui donne encore plus de facilité pour
les attraper. Le chant qu'ils font entendre pendant tout l'été est faible,
mais assez agréable.

L'ORTOLAN.

Cet oiseau, bien connu par sa chair délicate, a le dos d'un brun olivâtre; sa gorge est jaunâtre, et on le reconnaît surtout aux deux plumes externes de sa queue qui sont blanches en dessous. L'ortolan est originaire du voisinage de la Méditerranée, mais il remonte aussi dans la France et dans l'Allemagne, où il niche quelquefois dans les haies et même sur la terre. On le rencontre le plus ordinairement dans les bocages, les buissons, les vignes. Il aime surtout le mil, mais il se nourrit aussi de céréales et d'insectes. Pour

donner à sa chair un meilleur goût,
on met des épices dans sa nourriture,
ce qui excite son appétit; dans certains endroits même, on éclaire pendant la nuit le lieu où les ortolans
se trouvent enfermés, afin qu'ils ne
s'endorment pas et qu'ils ne pensent
qu'à bien manger. Quand ils sont
bien engraissés, ils pèsent 6 onces.
On a vu payer des ortolans jusqu'à
2 fr. la pièce. Les Romains avaient,
pour les engraisser, des cages toutes
particulières. Aujourd'hui on mange
beaucoup d'ortolans en France et en
Italie, où on les envoie dans des
caisses remplies de mil ou de farine.
Ceux qu'on mange à Rome viennent

de Bologne et de Florence; les riches peuvent s'en permettre le régal. A Chypre, on leur coupe la tête et les pattes, puis on les fait bouillir dans l'eau, et on les envoie dans de petits tonnelets garnis d'épices. En automne ils se mettent en route pour le midi où ils restent jusqu'au mois d'avril.

Le chant de cet oiseau est peu agréable; pendant l'automne il chante jour et nuit.

En Italie, pendant l'été, les collines, les gazons et les bocages sont pleins de ces petits oiseaux. Les mâles se tiennent sur les branches les plus basses et ne cessent de chanter.

Ils nichent sur la terre, dans les champs d'orge et de blé où ils pondent 4 à 5 œufs d'un blanc jaunâtre, parsemés de grandes taches noires de forme irrégulière. C'est au mois d'août qu'on les prend en plus grand nombre; ils sont alors très-maigres, et on est obligé de les engraisser avant de les manger. Pour cela, on les enferme dans de petits cabinets où on leur laisse juste assez de place pour qu'ils puissent remuer la tête; on les bourre, et bientôt ils étouf feraient à force de graisse si on ne se hâtait de les tuer.

LE ROITELET.

C'est le plus petit de tous les oiseaux de l'Europe. Il n'a que trois pouces et demi de longueur; il est olivâtre dessus, et d'un blanc jaunâtre vers le bas. La tête est marquée, dans le mâle, d'une belle tache jaune d'or, bordée de noir, dont les plumes peuvent se relever. Il paraît que ce petit oiseau se trouve partout, jusque dans les pays les plus froids. Il aime surtout les forêts de sapins. En hiver, il va dans les jardins où il se nourrit de bourgeons et d'œufs d'insectes : il voltige sous les branches pour les y chercher. Les Roitelets émigrent des pays froids dans des contrées plus chaudes; c'est alors qu'on en trouve un très-grand nombre ensemble. Ce sont de petits êtres très-vivaces; ils voltigent continuellement, se suspendent aux extrémités des branches, et font entendre le petit cri de *zit, zit, zit, zit*. Ils deviennent si familiers en peu de jours, qu'ils mangent dans la main. Le soir, si on leur présente une canne, ils s'y rangent tous. Ils font sur les arbres un nid en boule dont l'ouverture est sur le côté; il est suspendu à l'extrémité des branches, et renferme neuf œufs.

L'HIRONDELLE.

Ces oiseaux, que l'on voit arriver au printemps en si grand nombre, ont le corps noir en haut, blanc au bas, avec la queue fourchue, les pieds revêtus de plumes jusqu'aux ongles. L'hirondelle arrive chez nous vers la mi-avril, part à la mi-septembre. Elle se fait un nid de terre, garni intérieurement de paille et de plumes, qu'elle place souvent aux angles des fenêtres, sous le rebord des toits, dans les trous des portails d'églises.

On les rencontre, pendant l'été, dans presque tous les pays. On en a trouvé des individus cachés dans la vase pendant l'hiver, et on a conclu d'après cela que toutes les hirondelles faisaient de même; mais il n'en est point ainsi : en France et en Allemagne on respecte ces oiseaux, tandis qu'en Italie on les tue en masse à leur arrivée. Lorsqu'une hirondelle donne dans le filet, toutes les autres se font prendre également.

C'est un des oiseaux qui volent le mieux et pendant presque toute la journée sans se fatiguer. Il a un sifflement aigu. Cet oiseau voyageur ne peut supporter la domesticité.

L'ALOUETTE.

Cet oiseau, connu de tout le monde, a le bec cylindrique très-pointu, les doigts des pieds fort grêles et longs ; ses ailes, longues, se terminent en pointe ; sa queue est courte ; et la couleur de son plumage, brun grisâtre en haut et blanchâtre en bas, est parsemée partout de taches brunes foncées. C'est une des espèces d'oiseaux qui sont les plus nombreuses en Europe, en Asie, en Afrique même et jusqu'au Kamschatka ; mais on n'en trouve pas en Amérique. Chez nous il émigre, et revient de son voyage dès les promiers beaux jours du printemps qu'il annonce par son vol vertical qu'il exécute avec force et variété; ses chants vont toujours en augmentant à mesure qu'il s'élève. Au mois de septembre, les alouettes se réunissent en troupes nombreuses vers le sud, de sorte qu'au mois de novembre il n'y en a plus dans nos campagnes. Un certain nombre passe l'hiver dans le midi de France et en Italie; et d'autres, en troupes considérables, vont plus loin sur les îles de la Méditerranée, en Egypte, en Afrique, en Asie. Celles de la Russie vont jusque dans la Perse. On les tient aussi dans de grandes cages où on les nourrit de pain, de chenevis, de pavots. Les alouettes nichent deux fois par été; elles font un nid de paille et de poils qu'elles posent dans les blés. Elles pondent cinq œufs ayant des taches brunes: elles couvent pendant quatorze jours. Les petits, qui ne tardent pas à voler, sont nourris d'insectes. Pendant l'automne, on les prend jour et nuit dans de grands filets, et on les apporte par milliers sur les marchés. Les alouettes de Leipzig, que l'on envoie dans tous les pays, sont célèbres par leur goût que l'on attribue à l'ail des champs qu'elles mangent.

LA MÉSANGE.

Ce charmant oiseau est olivâtre dessus, jaunâtre dessous; le sommet de la tête est d'un beau bleu, la joue blanche, encadrée de noir, le front blanc, et il porte une ligne longitudinale noire sur la poitrine. C'est un des oiseaux les plus communs dans nos plaines et surtout dans nos forêts de pins et de sapins. Dans l'automne, les mésanges sortent et viennent visiter nos jardins. C'est alors qu'elles se rassemblent en grandes troupes qui se répandent partout. Aux mois de septembre et de novembre, on les attrape en grand nombre avec une mésange apprivoisée, ou bien avec un sifflet.

Les enfans s'amusent beaucoup à les attraper, et les renferment dans des cages. Leur chant est une espèce de petit sifflement saccadé. Ce sont, au reste, des petits oiseaux fort méchans, car ils piquent la tête aux autres oiseaux pour leur manger la cervelle. On a même des exemples qu'ils ont crevé les yeux à de petits enfans. Ils vivent d'insectes, ce qui les rend très-utiles. Ils font leurs nids dans des trous d'arbres qu'ils tapissent de mousse, de laine, de plumes; pondent de huit à quatorze œufs d'un blanc jaunâtre,

avec des pointes et des lignes rougeâtres, que le mâle et la femelle
couvent alternativement pendant
quatorze jours.

LE SERIN DES CANARIES.

Ce Serin est un joli petit oiseau,
très-commun chez nous, et qui s'est
beaucoup multiplié en esclavage.
Sa couleur a tellement varié en domesticité, qu'il est difficile de lui
assigner une couleur primitive.

Dans sa patrie il est d'un gris
verdâtre en dessus, et d'un gris jaunâtre en dessous; chez nous il est
quelquefois tout-à-fait jaune. Sa véritable patrie est aux îles Canaries,

et notamment à Madère, d'où ils
ont été transportés en Europe à
cause de la beauté de leur chant.
Ils chantent pendant presque toute
l'année, même les femelles, surtout lorsqu'elles sont trop vieilles
pour pondre. Ils apprennent facilement des airs à l'aide de la flûte,
de la serinette, etc. On leur apprend
aussi à faire des tours, à réunir
des lettres pour en faire des mots;
à faire le mort, etc. On les nourrit
de graines de pavot, de millet et de
verdure. Le mâle apporte les ma-
tériaux tandis que la femelle les
dispose pour faire le nid; celle-ci
pond chaque jour un œuf qui est

verdâtre, avec des points et des lignes brunâtres. Elle en pond ordinairement six. Elle fait trois à quatre fois des nids dans l'année. La femelle couve pendant treize jours, le mâle ne couve que quelques heures. Lorsque les petits sont éclos, on leur prépare un mélange de millet, de jaune d'œuf et de mie de pain. Ils ne mangent qu'au bout de quatre semaines; mais à peine ont-ils quinze jours que les père et mère recommencent un nouveau nid. Ces petits êtres sont sujets à beaucoup de maladies; cependant on est parvenu à en garder |vingt ans. Dans la forêt noire, la Suisse et le Tyrol, on les instruit, puis on les vend pour être transportés en Angleterre, en Russie et à Constantinople. A l'île d'Elbe ils ont beaucoup multiplié et y vivent à l'état sauvage. M. de Humboldt a rencontré des bandes de ces oiseaux dans l'île de Ténériffe. Leur chant était semblable à celui de ceux de nos appartemens. Ils nichent sur les arbres, et font leurs nids avec de la mousse, des plumes, des poils. Ils ne sont aucunement farouches, se tiennent dans les jardins près des villes, et chantent pendant neuf mois.

DU MOINEAU.

Cet oiseau si connu niche dans les trous de murs, et infeste par sa voracité tous les lieux habités. Il est brun, tacheté de noirâtre dessus, gris dessous, avec une bande blanchâtre sur l'aile. Le mâle a la gorge noire. Cet oiseau se trouve partout où il y a des céréales. Ses mouvemens sont peu gracieux; mais il est très-pétulant; il sait adroitement s'emparer de tout ce qui peut lui être utile, ou garantir sa sûreté. Quoiqu'il soit forcé de chercher des habitations, il n'est cependant jamais devenu familier comme le pigeon; au contraire, cela sert à aiguiser ses ruses. Sa manière a quelque chose de hardi. Sa petite queue est toujours relevée. Souvent les moineaux se livrent de vigoureux combats et poussent des cris continuels. En se battant entre eux, ils se tiennent et se mêlent de telle sorte qu'ils tombent de dessus les toits et qu'on peut les prendre. Le moineau vole avec peine, rarement haut et d'une manière soutenue. Il craint peu le froid, et aime à nicher sur les vieilles tours et la cime des arbres.

Cet oiseau se recommande peu pour nos appartemens. Il est très-facile à élever, et on peut le garder jusqu'à huit ans. Son caractère est gai. Il se nourrit de semences qu'il va chercher dans les cours, les granges, sur les tas de fumier, dans les jardins, les rues, etc. Il se tient ordinairement sur la terre. De toutes les céréales il préfère le millet, puis viennent le froment, l'avoine et l'orge.

On connaît les dégâts qu'il fait pendant l'automne dans les champs, sur les arbres fruitiers et surtout sur les cerisiers. Les moineaux sont d'intrépides voleurs du fromage que les paysans mettent sécher, et s'en emparent avec une grande avidité. Ils

vivent aussi d'insectes, et l'on a remarqué qu'ils ne peuvent manger
plus de trois vers blancs. Ce petit
être boit beaucoup d'eau, et aime
à se baigner et à se rouler dans le
sable et dans la poussière, comme le
le coq. Il fait son nid ordinairement
dans les trous de murailles, quelquefois sur des arbres, mais toujours
sur les plus élevés. On cite même,
comme exemple curieux, que dans
un village un nid fut posé dans les
rebords d'un puits, le premier couple s'y étant trouvé bien, le nombre des nids s'accrut tellement qu'il
y en avait depuis la margelle jusqu'à
la surface de l'eau. De sorte qu'on

se vit contraint de les détruire, vu qu'ils corrompaient l'eau par leurs excrémens, et que ce puits était la ressource de tout le village. Dans la campagne, on les fait nicher dans des pots, de sorte que quand les petits commencent à être bons, on les prend à la main. On a observé que le moineau entrait dans le nid de l'hirondelle, dont il jetait les œufs dehors, pour y mettre les siens. Il arrive même que le mâle moineau casse le crâne des petits de l'hirondelle et les met dehors. La femelle du moineau pond jusqu'à trois fois par an. Quelquefois elle se contente de raccommoder son vieux nid; et

lorsqu'il a été précédemment détruit, elle a quelquefois assez d'im
prudence pour le recommencer à la
même place. Le mâle et la femelle
ont tant de vivacité que souvent ils
le bâtissent en un jour : ce nid est
peu soigné à l'extérieur, mais il est
très-doux en dedans. Les œufs sont
peu luisans, d'un blanc brunâtre,
avec des taches d'un vert bleuâtre.
Ils en pondent ordinairement 5 à 6,
qu'ils couvent alternativement pendant 13 à 14 jours.

Leur utilité consiste dans la des-
truction d'une quantité immense
d'insectes nuisibles; mais aussi ils
causent de grands dommages aux

cultivateurs lorsqu'ils se multiplient trop dans une localité.

LE GROS BEC.

Son énorme bec est jaunâtre, et lui a valu le nom qu'il porte. Il a le dos et une calotte bruns; le reste du plumage, grisâtre; la gorge et le bout des ailes, noires, avec une bande blanche sur l'aile. Il vit dans les bois, fait son nid dans les arbres fruitiers, mange toute sorte de fruits et d'amandes; pendant l'été il s'en prend aux cerises dont il casse le noyau pour manger l'amande. Il vole mal à cause de la grosseur de sa tête. Quoique son chant ne soit pas très-agréable, on le conserve dans les cages. Il est très-rusé et ne fait aucun bruit lorsqu'il est sur un arbre à fruits avec sa famille. Il peut dévaster en peu de temps un cerisier. Le mâle et la femelle couvent alternativement leurs œufs qui sont au nombre de quatre et de couleur gris-verdâtre, avec des taches brunes.

En Italie et dans la Provence ils ravagent les oliviers.

L'ÉTOURNEAU.

Ces oiseaux vivent en troupes, se nourrissent pendant l'été de vers et d'insectes, et rendent service aux bestiaux en les en débarrassant. En automne et pendant l'hiver ils mangent des baies. Cet oiseau est noir, avec des raies violettes. Il est tacheté partout de blanc et de fauve. La femelle est un peu plus grande, mais moins luisante que le mâle. On les trouve dans tous les pays, jusqu'au Cap-de Bonne-Espérance; dans les contrées montagneuses comme dans les plaines, surtout dans les hautes futaies où matin et soir ils voltigent en très-grand nombre pour y chercher les vers et autres insectes. Ils ne sautillent pas, mais ils courent avec une grande rapidité et tournent les feuilles pour voir s'il n'y a rien dessous. Ils courent

surtout dans les endroits où il
y a des troupeaux, et ne craignent
pas de leur voler sur le dos pour les
délivrer des insectes. Ils font leurs
nids dans des creux d'arbres, dans
des trous de rocher. Ils pondent 6
œufs verdâtres. Les jeunes quittent le
nid au mois de mai. Vers l'automne
ils se rassemblent par milliers, vont
visiter le matin les prairies, et retour-
nent le soir dans les bois pour dormir. Lorsque les cerises et les raisins
sont parvenus à leur maturité, ils
restent toute la journée dans les vignes et sur les cerisiers. Leurs troupes sont toujours précédées de quelques corneilles. Ils ne volent jamais

en ligne directe, mais en décrivant des cercles. A ces époques, ils sont très-farouches, et le chasseur peut rarement s'en approcher. Le matin et le soir sont les momens les plus favorables pour les surprendre, lorsque dans les roseaux ils font résonner l'air de leurs cris. On les attrape aussi avec de grands filets pendant la nuit. Leur chair est succulente.

LE COUCOU.

Cet oiseau, célèbre par ses mœurs, a la grandeur de la tourterelle, mais sa queue est beaucoup plus longue. Il est d'un gris cendré, avec le ventre blanc, traversé de lignes noires; la queue est noirâtre, avec des taches blanches; la poitrine de la femelle est blanchâtre, avec des taches noires, ainsi que le ventre. Cet oiseau voyageur arrive chez nous au mois d'avril, et s'avance jusque dans les pays du nord, en s'annonçant partout par ce cri si connu : *cou cou, cou cou.* Quoique son soit uniforme et ait même quelque chose de triste, on aime cependant à l'entendre, parce qu'il annonce le printemps. Il nous quitte déjà au commencement d'août. Il passe la Méditerranée, et hiverne en Afrique en s'avançant jusqu'au Cap-de-Bonne-Espérance où il pond des œufs qu'il dépose, comme chez nous, dans les nids des autres oiseaux. Dans nos forêts, on ne trouve les coucous que par paires qui se tiennent toujours à une distance d'une demi-lieue l'une de l'autre. C'est le mâle seul qui fait retentir les bois de ses cris; la femelle ne fait entendre qu'un petit bruit. Ce sont des oiseaux très-pétulans qui se cachent soigneusement dans les forêts les plus épaisses, et cherchent à se soustraire à tous les regards. Leur vol est rapide et onduleux, et ils ne vont guère que d'arbre en arbre. Ils se nourrissent principalement de chenilles et autres insectes qu'ils vont chercher sur les prairies près des lacs, et jusque dans nos jardins : ils en détruisent un très-grand nombre, et sont par conséquent des oiseaux salutaires pour nos forêts.

La femelle dépose ses œufs dans les nids des autres oiseaux, et principalement dans ceux des oiseaux chanteurs, tels que la bergerette, la fauvette, et rejettent ordinairement quelques-uns des œufs qu'ils y trouvent. Lorsque le jeune coucou est éclos, ces petits oiseaux chanteurs se donnent toutes les peines pour nourrir cet hôte, vorace au point d'engloutir parfois dans son bec la tête du petit oiseau qui prend soin de lui. De là on a dit de l'ingrat qu'il ressemblait au coucou. En se développant davantage, il mange la nourriture de tous ses camarades; il finit même par occuper tout le nid, et par repousser les autres petits. Quinze jours après que le jeune coucou a pris son vol, il est encore nourri par les oiseaux qui l'ont adopté, et à ses cris on a remarqué que tous les autres oiseaux du voisinage lui apportent à manger. On s'était long-temps demandé comment le coucou, avec sa taille, pouvait déposer ses œufs dans des nids aussi petits, et quelquefois dans des trous d'arbres; et ce n'est que tout récemment qu'on a découvert, qu'après avoir pondu, la femelle prend son œuf dans sa gorge et va le déposer ainsi dans les nids. Les œufs du coucou ne sont pas beaucoup plus gros que ceux des oiseaux chez lesquels il les dépose : ils en ont aussi la couleur. Il pond ses œufs de huit jours en huit jours, depuis le commencement de juin jusqu'au milieu de juillet. On a vu des exemples où le petit coucou, après avoir grossi, ne pouvait plus sortir par l'orifice étroit où sa mère avait déposé l'œuf. En Italie, les coucous s'assemblent aux mois d'août et de septembre, en si grande quantité, que les arbres en sont couverts. Ils partent de là pour se disperser dans les prairies. Dans ce pays, on les prend en très-grand nombre pour fournir les marchés.

LA CORNEILLE.

Cet oiseau, très-commun dans nos champs et dans nos forêts, a la taille d'un fort pigeon. Son bec est presque droit et garni de poils rudes à sa base. Sa couleur noire, passant au bleu d'acier, est luisante sur le dos. Le mâle est un peu plus grand que la femelle. On a vu des variétés d'un blanc pur ou d'un blanc jaunâtre. Cet oiseau vît dans presque tous les pays du monde : on le trouve dans le nord de l'Afrique, en Asie et en Amérique; mais il ne s'avance pas beaucoup dans les pays froids. En Livland, dans le Danemarck et la Suède, il commence déjà à devenir rare; plus loin, vers le nord, on ne le trouve plus du tout. Il préfère les contrées montagneuses, sans cependant s'enfoncer trop dans la profondeur des forêts. Une partie reste chez nous pendant toute l'année. Les autres se rassemblent pendant l'automne, en très-grandes troupes, et font de petits voyages. Ces oiseaux sont toujours accompagnés d'un certain nombre d'étourneaux qui se rendent dans les pays chauds, et qui reviennent aux premiers beaux jours. Dans l'hiver, pendant la journée, ils fréquentent les prairies, les fumiers qui sont répandus dans les champs, et ce n'est que tard qu'ils rentrent dans les bois pour dormir. Lorsque le point où ils perchent pendant la nuit est trop loin (car ils gardent toujours le même arbre quand ils ne sont point dérangés), toute la troupe s'élève avec de grands cris; et lorsqu'ils sont arrivés au-dessus des bois, ils regardent s'il n'y a

point de danger, puis ils descendent
presque verticalement sur les arbres,
ou s'y dirigent par un long détour.
Jamais ils ne se placent plusieurs
côte à côte, mais ils se tiennent isolés.
Aussitôt l'aube, ils quittent la forêt,
vont se disperser sur les grandes rou-
tes, dans les villages, sur les champs
et sur les prairies : le soir ils retour-
nent à leurs grands arbres, ou dans
les forêts de pins et de sapins. Il
paraît que chaque famille a son chef,
qui est toujours le plus grand et
le plus ancien, et qui vole toujours
à la tête. Lorsqu'on trouble leur
sommeil, qui est très-léger, le chef
s'envole avec un grand bruit qui ré-

veille les autres, et toute la famille va chercher bien loin une autre retraite nocturne, et ne revient plus jamais à sa première retraite. Lorsque le temps est fort mauvais, et les vents très-violens, les corneilles rentrent même dans les bois pendant le jour.

Les corneilles sont des oiseaux très-rusés, qui ne s'approchent que du cultivateur qui travaille, et du voyageur indifférent; et sitôt qu'on les regarde avec quelque attention, ils partent de suite. Ils voient de loin. Leur démarche est un balancement, cependant elle est fière. Leur vol est lent, uniforme, mais assuré et droit. Lorsque le temps est beau et le ciel serein, ils se tiennent dans une région plus élevée que lorsque le temps est au froid, ou à la pluie.

Ces oiseaux, d'un caractère très-familier, aiment beaucoup la société. Leurs cris sont des croassemens. On peut facilement les apprivoiser, et leur apprendre à imiter la voix de l'homme; mais il n'est pas bon de les laisser courir librement. Ils cassent les œufs, et attaquent les petits poulets. Ils cachent les objets d'or et d'argent; ils mangent une foule de petits insectes et de souris.

LA PIE.

Cet oiseau, qui n'est pas moins connu que la corneille dont nous venons de parler, est d'un noir soyeux, à reflets pourpres, bleus et dorés, à ventre blanc avec une grande tache de même couleur sur l'aile. Son perpétuel babillage l'a rendue célèbre. Cet oiseau vit dans toute l'Europe, dans le nord de l'Asie et de l'Amérique, et se tient toujours dans le voisinage des villes, sur les arbres fruitiers des grands jardins et dans les petits bosquets. Elles vivent par paires toute l'année. En automne, les petits se joignent à leurs parens et forment de petites sociétés qui voltigent en hiver de village en village ; les pies ne s'assemblent en troupes que pour aller se livrer au sommeil dans les bois de sapins, s'il y en a dans le voisinage. Leur vol est lourd, gêné, accompagné d'un grand nombre de battemens d'ailes. Elles ne volent jamais long-temps, et sont beaucoup tourmentées par le vent.

C'est un oiseau pétulant, gai, et cependant plein de prévoyance. Pris jeune, et nourri avec de la viande et du pain, on l'apprivoise facilement et on lui apprend à parler. La pie a aussi l'instinct du vol. On

a des exemples qu'en domesticité
elle parvient jusqu'à 20 ans. Ces
oiseaux se nourrissent de la même
manière que les corbeaux. Comme
ils ne craignent pas beaucoup le
froid et le mauvais temps, ils font
déjà leurs nids au commencement
de février, au sommet des arbres les
plus élevés, où il est difficile de les
atteindre. Lorsque l'endroit est retiré,
ils le font plus bas; et s'il n'y passe
point d'hommes, ils le font même
dans les haies. L'extérieur du nid
se compose de branches entre-croi-
sées; l'intérieur est garni de terre,
puis de poils; il est recouvert d'é-
pines et de vieilles branches. L'en-

trée est sur le côté. La femelle pond
sept à huit œufs verdâtres tachetés
de brun, qu'elle couve à-peu-près
trois semaines. Malgré toutes les
précautions des parens, les jeunes se
trahissent par leurs cris pendant
qu'on leur donne à manger. Lorsque
les œufs ou les petits sont enlevés,
ils font une seconde couvée; mais
si le contraire a lieu, ils reviennent
au même endroit l'année suivante.
Leur prudence et leurs précautions,
dans la construction des nids, sont
surprenantes. On a remarqué qu'ils
construisent plusieurs nids à la fois,
et ce n'est qu'en entendant les petits
que l'on devine le véritable. Ils s'ap-

prochent des nids toujours avec la plus grande précaution et sans faire le moindre bruit, et ont soin de s'en tenir éloignés s'ils aperçoivent quelqu'un.

M. le pasteur Naumann avait un nid de pies au sommet d'un marronnier de son jardin. Souvent il avait passé sous ce marronnier sans apercevoir aucune pie; mais les ravages qui avaient journellement lieu parmi ses petits poulets, éveillèrent ses soupçons.

ORDRE

DES GALLINACÉES.

C'est à cet ordre qu'appartiennent le COQ DOMESTIQUE et la plupart de nos oiseaux de basses-cours, qui nous fournissent tant d'excellent gibier. Leur bec supérieur est voûté, leur port lourd ; les ailes courtes et peu propres à un vol long-temps soutenu ; leur queue a ordinairement 14 et jusqu'à 18 pouces. Aucun n'a le chant agréable.

Nous commencerons par parler

du coq et de la poule ordinaires ou domestiques.

Ils varient à l'infini pour les couleurs et leur grosseur. Il est des races où la crête est remplacée par une touffe de plumes redressées; quelques-uns ont des plumes sur la torse et même sur les doigts; certaines races monstrueuses ont pendant plusieurs générations cinq et même six doigts.

Notre coq villageois, ou de basse-cour, paraît originaire du coq Iago, très-grande espèce sauvage qui habite l'île de Sumatra, et de l'espèce du Bankiva, autre espèce primitive qu'on trouve dans les forêts de Java.

Le coq et la poule sont de tous les oiseaux domestiques, ceux qui nous sont de la plus grande utilité; ils nous paient, avec usure, les soins que l'on met journellement à leur reproduction.

Les combats de coqs, si communs dans l'Inde, sont aussi un barbare amusement chez une nation de l'Europe (Angleterre); et l'on voit des hommes risquer des sommes considérables sur un des partis.

Ces oiseaux redoutent le froid excessif des hivers et les neiges abondantes. Le coq ne perd jamais de vue ses poules: il les conduit, les défend, les menace; va chercher

celles qui s'écartent et les ramène.
Quand il les perd, il donne des signes
de regret. C'est une sentinelle vigi-
lante, dit Pline, qui se couche avec
le soleil, et ne souffre pas que cet
astre vienne nous surprendre sans
que nous soyons prévenus. Son
chant annonce l'arrivée du jour. Il
a l'air fier, indépendant, sans avoir
rien de menaçant ni de farouche;
vainqueur dans le combat, il se re-
dresse, frappe ses flancs de l'aile;
et, l'œil en feu, chante sa victoire.

Malgré la propension des coqs à
se battre, les fastes des spectacles
de ce genre, en Angleterre, font
mention d'une sympathie bien sin-

gulière entre deux coqs : ils avaient battu successivement tous les autres; on ne put jamais les faire battre entre eux, malgré les stimulans des passions les plus haineuses.

Le coq va quelquefois se percher au bord du nid où pond sa poule favorite, pour lui offrir ses services; et il se comporte alors entièrement comme les oiseaux qui n'ont qu'une femelle.

La poule a, comme le coq, une crête sur la tête; elle est plus petite que le mâle; son plumage, quoique beau, est moins brillant, moins varié; sa queue est comme la sienne, dans un plan vertical, sans être accompagnée de ces plumes élégantes qui dépassent et ornent celle du coq.

LE PAON.

Nommé ainsi à cause de son cri, le paon porte une magnifique huppe sur la tête, et la queue chez le mâle est aussi longue que tout le reste du corps, pouvant se relever et faire la roue. Chacun sait quel brillant aspect présentent les barbes soyeuses de ces plumes couvertes d'yeux de mille couleurs. Cet oiseau est originaire de l'Inde, où il vit à l'état sauvage, et a beaucoup plus d'éclat

encore que dans l'état de domesticité.

Il a été apporté en Europe par
le grand Alexandre.

Aujourd'hui cet oiseau est l'ornement de nos châteaux, de nos
jardins et basses-cours. Son cri perçant, qui s'entend très-loin, est fort
désagréable. Il passe la journée à
chercher, à la manière des poules, tout
ce qui est à sa convenance. Il se
nourrit de grains, de pain, etc. Il
craint beaucoup l'humidité, et aime
à se percher aussi haut que cela lui
est possible. La femelle est beaucoup
plus simple; elle n'a ni la queue,
ni l'ornement brillant du mâle. Sa

teinte générale est d'un brun rougeâtre avec des taches plus foncées.

Le mâle paraît s'enorgueillir des
dons de la nature dont il fait parade
à chaque instant.

Au reste, il aime la solitude, est
d'un caractère doux, a peu d'instinct, et s'attache faiblement.

Dans le pays dont il est originaire,
les tribus indiennes font, avec ses
plumes, de jolies corbeilles et d'ad-
mirables parures.

DU DINDON.

Le Dindon, qui est le plus grand,
et pour ainsi dire le roi de nos basses-

cou~
..s, a la tête et le haut du cou
sans plumes, d'un rouge vif. Sur la
gorge il a un appendice qui pend
le long du cou, et sur le front un
autre appendice conique qui, chez
le mâle, s'enfle et se prolonge dans
les momens de passion, au point de
dépasser la pointe du bec. Ce même
mâle a encore une autre singularité ;
c'est un pinceau de poils rudes qui
lui descend du cou. Les plumes qui
recouvrent la queue se prolongent
également comme chez le paon, pour
former la roue; mais cette roue n'est
ni aussi grande ni aussi magnifique.
que celle du paon. Cet utile oiseau,
dont la chair et les œufs si excellens

sont d'un emploi journalier dans nos cuisines, a été rapporté de l'Amérique au 16° siècle. Il supporte très-bien notre climat, et à cause de sa fécondité, on le trouve partout en Europe. Les petits cependant demandent des soins particuliers que ne réclament pas nos petits poulets : ils craignent le froid, l'humidité, et ont besoin d'être tenus dans une température constante, jusqu'à ce qu'ils aient atteint l'âge où ils peuvent braver toutes les variations atmosphériques de nos climats.

En Virginie, les dindes vivent encore sauvages, en troupes nombreuses. Leur couleur est d'un brun verdâtre, glacé de cuivré. Depuis quelque temps, dans la baie Honduras, on en a découvert une espèce magnifique, sauvage, presque aussi belle que le paon par l'éclat de son brillant, et surtout par le cercle noir couleur saphir, entouré de cercles d'or et de rubis qui décorent sa queue.

DU PIGEON.

Les Pigeons peuplent depuis les temps anciens nos basses-cours et nos colombiers. Ils ont un bec faible et voûté; leurs narines sont percées dans un large espace membraneux, couvert d'une écaille cartilagineuse qui forme un renflement assez saillant à la base du bec. Le jabot occupe une grande partie de la poitrine et est susceptible, dans certaines espèces, de se gonfler énormément lorsque l'oiseau est agité. Leur vol rapide, assuré et soutenu, réuni à l'instinct de retrouver facilement sa demeure, les a fait employer comme porteurs de lettres. Ils parcourent des centaines de lieues en un jour.

Pour cet effet, on leur attache la lettre, puis on les lâche. Le pigeon s'élève d'abord très-haut et perpendiculairement : alors il décrit plusieurs cercles; puis après s'être assuré de la route qu'il doit tenir, il s'élance comme un trait, et parcourt sans s'arrêter des distances très-grandes.

A l'état sauvage, les pigeons préfèrent les forêts des contrées montagneuses où ils font leurs nids dans les creux d'arbres et les rochers. Ils pondent plusieurs fois par an, et en domesticité presque continuellement. Ils nourrissent leurs petits avec beaucoup de tendresse en leur dégorgeant des grains, macérés d'abord, dans leur jabot.

Le plus gros de nos pigeons est celui que nous nommons ramier. A l'état sauvage, il habite les forêts; il préfère surtout celles qui ont des arbres verts. Sa couleur est d'un cendré plus ou moins bleuâtre, sa poitrine, d'un roux vineux. Il se distingue surtout par des taches blanchâtres autour du cou et à l'aile.

LA TOURTERELLE.

La Tourterelle aime peut-être plus qu'aucun autre oiseau la fraîcheur en été et la chaleur en hiver. Elle arrive dans notre climat fort tard, au printemps, et le quitte dès la fin du mois d'août. Toutes les tourterelles se réunissent en troupes, arrivent, partent et voyagent ensemble. Pendant le court espace qu'elles restent chez nous, elles nichent, pondent et élèvent leurs petits au point de pouvoir les amener avec elles. Ce sont les bois les plus frais et les plus sombres qu'elles préfèrent pour s'y établir; elles placent leur nid, qui est presque tout plat, sur les plus hauts arbres, dans les lieux les plus éloignés de nos habitations. On les trouve presque partout dans l'ancien continent; on les retrouve dans le nouveau, et jusque dans les îles de la mer du sud. Quoique plus sauvages que les pigeons, on peut néanmoins les élever et les faire multiplier dans des volières.

La tourterelle à collier est un peu

plus grosse que la tourterelle commune. Dans tous çes oiseaux, la voix est plutôt un gros murmure ou un gémissement plaintif, qu'un chant articulé; tous ne produisent que deux œufs, quelquefois trois; et tous peuvent produire plusieurs fois l'année, dans les pays chauds ou dans les volières.

ORDRE

DES

OISEAUX DE RIVAGE.

Ces oiseaux tiennent leur nom de leur conformation et de leur habitude de fréquenter les rivages. Ils portent des jambes longues qui les ont fait appeler échassiers, ce qui leur donne la facilité de passer les rivières à gué, et d'y pêcher au moyen de leur bec, dont la longueur est ordinairement proportionnée à celle des jambes. Ils se nourrissent

tous de poissons, de reptiles et d'insectes, selon la forme de ce même
bec. Il y en a peu qui se contentent de graines et d'herbes. Presque
tous les oiseaux de cet ordre, en
exceptant l'autruche et le casour,
ont de longues ailes et volent bien.
Nous commencerons par parler de
l'oiseau le plus remarquable et le
plus grand de tout le règne animal.

L'AUTRUCHE.

Tout le monde connaît l'Autruche, ne serait-ce que de nom. Les
dimensions de son corps, son poids,
lui ôtent la faculté de voler. Ses

ailes sont revêtues de plumes larges et flexibles qui font l'ornement du chapeau de nos dames, par leur élégance. Le bec de cet oiseau est assez faible, comprimé horizontalement, de longueur médiocre, et mou à l'extrémité. Ses yeux sont grands et sa vue perçante; ses jambes sont fort élevées; et il a un énorme jabot. Cet oiseau, célèbre dès la plus haute antiquité, est très-répandu dans tous les déserts de l'Afrique et de l'Arabie. Il atteint jusqu'à 7 et 8 pieds de hauteur, vit en grandes troupes, et pond des œufs de près de trois livres pesant, qu'il se borne à exposer dans le sable à la chaleur du soleil, mais qu'il couve dans les régions moins chaudes, et qu'il défend avec courage.

L'autruche a su se conserver, depuis l'antiquité la plus reculée, toujours dans la même terre, sans altération comme sans mésalliance; en sorte qu'elle est dans l'ordre des oiseaux, ce que l'éléphant est parmi les quadrupèdes, une espèce entièrement isolée et distinguée de toutes les autres par des caractères aussi frappans qu'invariables.

La femelle de l'autruche est très-féconde et produit beaucoup. Selon les voyageurs les plus instruits, elle fait plusieurs couvées de douze ou quinze œufs chacune.

Quoique le climat de la France soit beaucoup moins chaud que celui de la Barbarie, on a vu des autruches pondre à la ménagerie de Versailles.

Les jeunes autruches sont d'un gris cendré la première année, et ont des plumes partout; mais ce sont de fausses plumes qui tombent bientôt d'elles-mêmes.

Il est certain que ces oiseaux vivent principalement de matières végétales; mais il paraît qu'ils avalent tout ce qu'ils trouvent, jusqu'à ce que leurs estomacs soient entièrement pleins.

Dans les déserts, les autruches se réunissent en troupes nombreuses

qui, de loin, ressemblent à des es-
cadrons de cavalerie. Quoique ha-
bitantes du désert, elles ne sont pas
aussi sauvages qu'on pourrait l'ima-
giner : tous les voyageurs s'accor-
dent à dire qu'elles s'apprivoisent
facilement; on en a même dompté
quelques-unes au point de les monter comme un cheval; et l'anglais
Moore dit avoir vu un jour, en
Afrique, un homme voyageant sur
une autruche.

L'autruche court plus vite que
le cheval, et cependant c'est à cheval qu'on la chasse : après lui avoir
fait battre long-temps le pays et l'a-
voir affamée, on fond tout-à-coup

dessus, et on la tue à coups de bâton.

LA CIGOGNE.

Cet oiseau à jambes grêles et élevées, à bec fort long et comprimé sur les deux côtés, est un de ceux que les paysans respectent, et qu'il est même défendu de tuer dans certaines localités. Il est aussi gros qu'une oie; mais ses longues jambes et son bec lui donnent l'air d'être beaucoup plus fort. Ses jambes sont de couleur rouge; et, entre les doigts, il a, comme tous les oiseaux aquatiques, une large membrane. On ne lui connaît aucune voix, mais en frappant l'une contre l'autre ses deux mandibules, il produit un son fort singulier, selon qu'il le fait plus ou moins rapidement, et avec plus ou moins de force : on l'entend de fort loin. Il est d'une couleur blanche, avec les ailes noires. Il se nourrit de grenouilles, de crapauds, de lézards, de serpens, de vers qu'il va chercher dans les prairies, les champs, les rivières et les lacs. Il ne craint pas d'entrer dans l'eau assez profondément, et de s'y promener pour attraper de petits poissons. Le service qu'il rend au pays en le débarrassant pendant l'été d'un très-grand nombre d'animaux que nous venons de nommer, et que la superstition des paysans regarde comme des fléaux funestes, a fait que de temps immémorial le peuple a eu une sorte de respect religieux pour ces oiseaux. Il fait son nid de préférence sur les tours, les sommets des clochers et les cheminées. Il le compose d'épines et d'autres branches entrelacées, puis de paille, de feuillage qu'il tapisse de poils et de plumes pour le rendre plus doux. Ce nid a quelquefois deux pieds de hauteur sur trois de longueur. La femelle pond de quatre jusqu'à six œufs moins gros que ceux de l'oie, mais plus allongés :

le mâle et la femelle couvent alternativement. Dans certaines parties de l'Allemagne on trouve un, deux, trois et même jusqu'à dix nids de Cigogne. Cet oiseau revient de son émigration aux premiers beaux jours du printemps; il reprend toujours le même nid que non-seulement le couple garde continuellement, mais qui passe, dit-on, aux enfans lorsque les pères viennent à périr. Quand il a été détruit, il en construit un autre, mais non pas à la même place.

Il est très-amusant de voir, aux approches de l'automne, quand les jeunes sont déjà grands, leurs exercices de vol. Ils s'élèvent d'abord perpendiculairement, et chacun à leur tour, au-dessus du nid dans lequel ils se laissent retomber : après avoir ainsi manœuvré pendant huit jours, ils se hasardent à se laisser tomber dans un endroit sûr, auprès de ce même nid. Enfin, lorsqu'ils se sont assurés de la vigueur de leurs ailes, ils suivent leurs pères et mères dans les prairies.

Une autre scène qui amuse beaucoup les villageois, c'est quand la cigogne apporte à ses petits tantôt une grenouille, tantôt un lézard ou un serpent, car alors ils font tous entendre à la fois ce claquement bruyant dont nous avons déjà parlé.

Les soins de ces oiseaux pour leurs petits ont passé en proverbe. La nuit, le nid étant très-grand, le père et la mère se tiennent dedans avec les petits; si cependant il n'y à pas de place, le père se met à côté.

Trois ou quatre semaines après que les jeunes oiseaux ont commencé de voler, ils ont acquis déjà assez de force pour supporter le voyage, et toute la famille part pour aller dans diverses contrées de l'Afrique, où le père et la mère nichent une seconde fois. Les petits, qui les ont suivis, en font autant à leur tour. Ils continuent d'aller et de venir ainsi jusqu'à ce que la vieillesse ne le leur permette plus, et qu'ils succombent en route.

LA BÉCASSE.

Cet oiseau, de la grosseur d'un fort pigeon, est généralement connu à cause de la délicatesse de sa chair qui fait les délices de nos tables. Son bec, tout-à-fait droit, avec une extrémité molle et très-sensible, et une tête menue, comprimée, avec de gros yeux fort en arrière, lui donnent un air étrange et stupide que leurs mœurs ne démentent nullement. Son plumage est varié en dessus avec des taches et des bandes grises, rousses ou noires; en dessous il est gris avec des lignes transverses noirâtres.

La Bécasse habite, pendant l'été, sur les hautes montagnes, et descend dans nos bois au mois d'octobre. C'est l'époque où a lieu sa chasse qui se fait à l'affût le soir et le matin. Elle va seule ou par paires, surtout dans les temps sombres, chercher des vers et des insectes dans la vase des marécages. La bécassine a une chair non moins recherchée. Elle est un peu plus petite, et se tient de préférence au bord des ruisseaux et des fontaines. Elle s'annonce au chasseur par une voix perçante comme celle de la chèvre, qu'elle fait entendre de très-loin, en s'élevant à perte de vue, ce qui rend sa chasse très-difficile. Nous avons encore dans nos marais la petite bécassine qui s'y tient presque toute l'année. Elle est moitié moindre que la précédente, et n'a qu'une bande noire sur la tête; le fond de son manteau a des reflets verts bronzés; un demi-collier gris occupe sa nuque, et ses flancs sont mouchetés de brun ainsi que la poitrine. Tous ces oiseaux sont très-recherchés et apportés en très-grand nombre dans nos marchés.

Le dernier ordre de la classe des oiseaux est composé par les palmipèdes.

PALMIPÈDES,

Ou Oiseaux nageurs.

Leur pied est disposé tout-à-fait pour la natation, c'est-à-dire qu'il est implanté très en arrière du corps. La jambe est courte, comprimée et palmée entre les doigts. Leur plumage serré, lustré, imbibé d'un suc huileux qui ne permet pas que l'oiseau se mouille, est garni près de la peau d'un duvet épais. Leur cou dépasse quelquefois

de beaucoup la longueur des pieds.
Ce qui leur permet, en nageant à la
surface, d'aller chercher leur nourriture dans la profondeur de l'eau.
Le plus majestueux et le plus gracieux de ces oiseaux est le cygne.

LE CYGNE.

Cet oiseau fait l'ornement de nos
bassins où il étale la blancheur
éblouissante de son plumage. Il se
nourrit principalement de grains et
de racines de plantes aquatiques.
Celui que nous aimons de préférence est le cygne à bec rouge, bordé
de noir, chargé sur sa base d'une

protubérance arrondie. Le plumage
est d'abord gris chez les jeunes. Ils
volent très-haut, très-vite, et nagent
avec rapidité, prenant le vent avec
leurs ailes, dont il se servent d'ailleurs
pour frapper avec force ceux qui les
attaquent. De tous les oiseaux, il a
proportionnellement le cou le plus
long, et il jouit d'une mobilité éton-
nante. En plongeant, il s'en sert
comme d'un bras pour saisir de petits poissons. La douceur de ses
mouvemens, l'élégance de ses formes, la blancheur éclatante de son
plumage, en ont fait l'emblême de
la beauté et de l'innocence.

Il pose son nid, qui est très-grand, sur les étangs et dans les joncs où la femelle pond six à huit œufs d'un gris verdâtre, qu'elle couve presque exclusivement. Cet oiseau est célèbre depuis la haute antiquité, et les poètes lui prêtent des chants harmonieux quand il est près d'expirer sur les ondes limpides de l'Eurotas; mais ce n'est là qu'une belle fable.

On connaît encore une espèce de cygne qui a le bec noir et jaune, seulement à la base; son corps blanc est teint de gris-jaunâtre. Elle est au reste semblable à la précédente. Une autre espèce, qui a été découverte depuis peu dans la Nouvelle-

Hollande, et qui est aussi grande que notre cygne, avec des formes moins élégantes, a le corps tout-à-fait noir, excepté le bout des ailes qui est blanc, et le bec qui est d'un rouge assez vif.

L'OIE.

L'Oie fait aussi partie des palmipèdes. C'est un des oiseaux les plus utiles de nos basses-cours, par la douceur du duvet qu'il nous fournit, et la bonté de sa chair et de ses œufs plus volumineux que ceux de la poule. En domesticité, l'oie a pris toutes sortes de couleurs :

on en voit de noirs, de blancs et de toutes les nuances intermédiaires. L'oie sauvage a une couleur permanente, qui est grisâtre, à manteau brun, orné de gris, à bec tout orangé.

On connaît les ravages que causent à leur passage, en automne et en hiver, les bandes innombrables d'oies sauvages qui s'abattent au bord des fleuves, dans les plaines et dans les lieux marécageux placés au centre des forêts. Il est très-difficile au chasseur de les surprendre, à moins d'être dans une voiture, car ces oiseaux vigilans ne manquent jamais de poser une sentinelle, et il suffit de pousser un cri pour faire envoler leur immense troupe. Au reste, leur vigilance est célèbre dans l'histoire, et ce sont eux qui ont sauvé le Capitole qu'escaladaient déjà les Gaulois.

L'oie sauvage fait son nid avec peu de soin sur les rochers ou dans les joncs du rivage, toujours près de l'eau. La femelle pond un très-grand nombre d'œufs; ce nombre va jusqu'à 25 et même 30, qu'elle couve, et ne quitte que pour aller manger et après les avoir soigneusement couverts pour qu'ils ne se refroidissent pas.

Nous terminerons notre petit livre

sur l'*Ornithologie*, en parlant du CANARD, autre oiseau domestique de nos basses cours, qui n'est pas moins utile que l'oie, par la délicatesse de sa chair, de ses œufs et des plumes serrées qui le recouvrent. On connaît son bec large terminé par un bout recourbé, propre à fouiller dans la vase pour y déterrer des vers et des insectes. Ses jambes courtes, attachées en arrière, rendent sa marche difficile et ballottante; son cou, moins long que celui de l'oie, lui donne un petit air étrange. En domesticité, il varie à l'infini en couleur comme tous les autres oiseaux domestiques. Le canard sauvage est aussi farouche et rusé que le canard domestique est familier. On le trouve dans presque tous nos marais, où il niche dans les joncs, les vieux troncs de saules, quelquefois même sur les arbres. Ce n'est qu'avec beaucoup de précautions que le chasseur parvient à s'approcher de lui, parce que son œil perçant l'aperçoit de très-loin, et qu'il suffit de la moindre maladresse pour qu'il prenne son vol qui est très-élevé. La femelle pond beaucoup d'œufs dans un nid fait avec une très-grande légèreté. On prétend avoir observé près de Wiesbaden, en Allemagne, que les canards

qui étaient allé couver dans une
forêt, venaient transporter leurs petits sur un lac à une demi-lieue de
distance, long-temps avant qu'ils fus-
sent en état d'y voler.

FIN.

TABLE

DES MATIÈRES.

FIN DE LA TABLE.

BAR-SUR-SEINE. — IMP. de SAILLARD.

www.ingramcontent.com/pod-product-compliance
Lightning Source LLC
LaVergne TN
LVHW012015170726
843503LV00001B/337